高等院校应用型人才培养"十四五"规划教材

Java 面向对象项目实战

（第 2 版）

天津滨海迅腾科技集团有限公司　编著

窦珍珍　李肖霆　主编

图书在版编目（CIP）数据

Java面向对象项目实战（第2版）/ 天津滨海迅腾科技集团有限公司编著；窦珍珍，李肖霆主编. — 天津：天津大学出版社，2021.5（2024.8重印）

高等院校应用型人才培养"十四五"规划教材

ISBN 978-7-5618-6926-0

Ⅰ.①J… Ⅱ.①天… Ⅲ.①JAVA语言－程序设计－高等职业教育－教材 Ⅳ.①TP312.8

中国版本图书馆CIP数据核字(2021)第083457号

JAVA MIANXIANG DUIXIANG XIANGMU SHIZHAN

出版发行	天津大学出版社
地　　址	天津市卫津路92号天津大学内（邮编：300072）
电　　话	发行部：022—27403647
网　　址	www.tjupress.com.cn
印　　刷	廊坊市海涛印刷有限公司
经　　销	全国各地新华书店
开　　本	787mm×1092mm　1/16
印　　张	14.25
字　　数	369千
版　　次	2021年5月第1版　2023年9月第2版
印　　次	2024年8月第4次
定　　价	59.00元

凡购本书，如有缺页、倒页、脱页等质量问题，烦请与我社发行部门联系调换
版权所有　　侵权必究

高等院校应用型人才培养"十四五"规划教材指导专家

周凤华　教育部职业技术教育中心研究所
姚　明　工业和信息化部教育与考试中心
陆春阳　全国电子商务职业教育教学指导委员会
李　伟　中国科学院计算技术研究所
许世杰　中国职业技术教育网
窦高其　中国地质大学（北京）
张齐勋　北京大学软件与微电子学院
顾军华　河北工业大学人工智能与数据科学学院
耿　洁　天津市教育科学研究院
周　鹏　天津市工业和信息化研究院
魏建国　天津大学计算与智能学部
潘海生　天津大学教育学院
杨　勇　天津职业技术师范大学
王新强　天津中德应用技术大学
杜树宇　山东铝业职业学院
张　晖　山东药品食品职业学院
郭　潇　曙光信息产业股份有限公司
张建国　人瑞人才科技控股有限公司
邵荣强　天津滨海迅腾科技集团有限公司

基于工作过程项目式教程
《Java 面向对象项目实战》

主　编：窦珍珍　李肖霆
副主编：晁胜利　张　霞　孟　思
　　　　郭思延　王希军　熊祖涛

前　言

在面向对象设计之前，程序设计广泛采用的是面向过程，面向过程只是针对自己来解决问题。而面向对象更多的是要进行模块化的设计，每一个模块都需要单独存在，并且可以被重复利用，所以面向对象的开发更贴近事物的自然运行模式。

本书主要从开发软件、环境安装配置入手，对面向对象中涉及的概念进行讲解。本书内容包含 Java 基础语法、封装、继承、多态、接口等知识。全书知识点的讲解由浅入深，使每一位读者都能有所收获，也保证了整本书的知识深度。

本书主要涉及九个项目，即初识 Java、Java 基础语法、结构控制语句、数组与字符串、面向对象的程序设计基础、面向对象继承与接口、异常处理、集合、多线程处理，严格按照开发环境中的操作流程对知识体系进行编排。

本书中每个项目都设有学习目标、学习路径、任务描述、任务技能、任务实施和任务总结。本书内容详细、条理清晰，任务实施可以将所学的理论知识充分地应用到实际操作中。

本书由窦珍珍、李肖霆担任主编，晁胜利、张霞、孟思、郭思延、王希军、熊祖涛担任副主编，窦珍珍、李肖霆负责整书编排。项目一由窦珍珍负责编写，项目二由李肖霆负责编写，项目三由晁胜利负责编写，项目四由张霞负责编写，项目五由孟思负责编写，项目六由郭思延负责编写，项目七由王希军负责编写，项目八由熊祖涛负责编写，项目九由窦珍珍负责编写。

本书理论简明、扼要，实例操作讲解细致，步骤清晰，实现了理实结合，操作步骤后有对应的效果图，便于读者直观、清晰地看到操作效果，牢记书中的操作步骤。希望本书使读者对面向对象相关知识的学习能够更加透彻。

天津滨海迅腾科技集团有限公司

2020 年 12 月

目 录

项目一 初识 Java ··· 1
 学习目标 ·· 1
 学习路径 ·· 1
 任务描述 ·· 2
 任务技能 ·· 2
 任务实施 ··· 21
 任务总结 ··· 26
 英语角 ·· 27
 任务习题 ··· 27

项目二 Java 基础语法 ··· 28
 学习目标 ··· 28
 学习路径 ··· 28
 任务描述 ··· 29
 任务技能 ··· 29
 任务实施 ··· 47
 任务总结 ··· 49
 英语角 ·· 49
 任务习题 ··· 49

项目三 结构控制语句 ··· 51
 学习目标 ··· 51
 学习路径 ··· 51
 任务描述 ··· 52
 任务技能 ··· 52
 任务实施 ··· 65
 任务总结 ··· 72
 英语角 ·· 72
 任务习题 ··· 73

项目四 数组与字符串 ··· 74
 学习目标 ··· 74
 学习路径 ··· 74

任务描述 …………………………………………………………………………… 75
　　任务技能 …………………………………………………………………………… 75
　　任务实施 …………………………………………………………………………… 100
　　任务总结 …………………………………………………………………………… 102
　　英语角 ……………………………………………………………………………… 102
　　任务习题 …………………………………………………………………………… 102

项目五　面向对象的程序设计基础 …………………………………………………… 104

　　学习目标 …………………………………………………………………………… 104
　　学习路径 …………………………………………………………………………… 104
　　任务描述 …………………………………………………………………………… 105
　　任务技能 …………………………………………………………………………… 105
　　任务实施 …………………………………………………………………………… 124
　　任务总结 …………………………………………………………………………… 129
　　英语角 ……………………………………………………………………………… 129
　　任务习题 …………………………………………………………………………… 129

项目六　面向对象继承与接口 …………………………………………………………… 131

　　学习目标 …………………………………………………………………………… 131
　　学习路径 …………………………………………………………………………… 131
　　任务描述 …………………………………………………………………………… 132
　　任务技能 …………………………………………………………………………… 132
　　任务实施 …………………………………………………………………………… 150
　　任务总结 …………………………………………………………………………… 153
　　英语角 ……………………………………………………………………………… 153
　　任务习题 …………………………………………………………………………… 154

项目七　异常处理 ………………………………………………………………………… 155

　　学习目标 …………………………………………………………………………… 155
　　学习路径 …………………………………………………………………………… 155
　　任务描述 …………………………………………………………………………… 156
　　任务技能 …………………………………………………………………………… 156
　　任务实施 …………………………………………………………………………… 169
　　任务总结 …………………………………………………………………………… 172
　　英语角 ……………………………………………………………………………… 172
　　任务习题 …………………………………………………………………………… 172

项目八　集合 ……………………………………………………………………………… 174

　　学习目标 …………………………………………………………………………… 174
　　学习路径 …………………………………………………………………………… 174

任务描述	175
任务技能	175
任务实施	189
任务总结	195
英语角	195
任务习题	195

项目九　多线程处理　197

学习目标	197
学习路径	197
任务描述	198
任务技能	198
任务实施	212
任务总结	219
英语角	220
任务习题	220

项目一　初识 Java

通过"在 Eclipse 环境中开发第一个应用程序"案例的实现，了解 Eclipse 集成开发工具，熟悉 Java 应用程序的基本结构，掌握 Java 程序设计的基本步骤，具有独立编写 Java 应用程序的能力。在任务实现过程中：

● 了解 JDK 的下载安装；
● 熟悉 Eclipse 开发工具的使用；
● 掌握 Java 环境变量的配置；
● 具有独立编写 Java 程序并运行的能力。

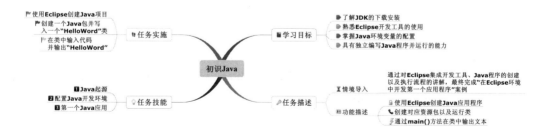

【情境导入】

Java 是计算机编程语言之一，具有先进、特征丰富、功能强大等优势，其不仅吸收了 C++ 语言的各个优点，而且还去其糟粕，摒弃了 C++ 里难以理解的多继承、指针等概念。利用 Java 可以实现桌面、Web、分布式系统、嵌入式系统等应用程序的编写。本项目通过对 Eclipse 集成开发工具、Java 程序的创建以及执行流程的讲解，最终完成"在 Eclipse 环境中开发第一个应用程序"案例。

【功能描述】

- 使用 Eclipse 创建 Java 应用程序；
- 创建对应资源包以及运行类；
- 通过 main() 方法在类中输出文本。

技能点一　Java 的起源

1. Java 的产生

早在 1990 年 12 月，SUM 公司的 Pratrick Naughton、Milke Sheridan 和 James Gosling 成立了一个叫 Green Team 的小组，这个小组的主要目标是发展一种分布式系统结构，使其能在消费性电子产品作业平台上执行，例如当年的 PDA、手机、信息家电等。

在 1992 年 9 月，Green Team 发布了一款名叫 Star Seven 的机器，而 Java 语言的前身 Oak 就是在那时诞生的，Oak 是由 James Gosling（图 1-1）、Pratrick Naughton 等人在 1991 年设计出来的。开发 Oak 的第一个版本用了 18 个月，从 Oak 问世至今，许多人对它的设计和改进作出了贡献。当时 Oak 主要用来撰写 Star7 上的应用程序。Oak 以它优异的功能，撰写高互动性的页面程序，并在全球信息浏览器上运行，这个页面程序被称为 Applet。因为那时没有其他程序语言能够做到这一点,所以原本坐以待毙的 Oak,又在全球信息浏览器上开启了另一片天空。

图 1-1　Java 之父——James Gosling

2. Java 的发展史

1995 年,Oak 语言更名为 Java 语言(以下简称为 Java),意味着 Java 语言的诞生。现在 Java 所提供的一些特性,其实 Oak 就已经具备了,例如安全性、网络通信、对象导向、Garbage Cellected、多任务等,已经是一个相当优秀的程序语言。其图标如图 1-2 所示。

图 1-2　Java 的图标

1996 年,SUN 公司发布 JDK1.0,第一个 JDK~JDK1.0 诞生,计算机产业的各大公司(包括 IBM、Apple、DEC、Adobe、Silicon Graphics、HP、Oracle、Toshiba 和 Microsoft 等)相继从 SUN 公司购买了 Java 技术许可证,开发相应的产品。JDK 是 Java 语言的软件开发工具包,是整个 Java 开发的核心,它包含了 Java 的运行环境(JVM+Java 系统类库)和 Java 工具。

1998 年,SUN 公司发布了 JDK1.2(从这个版本开始的 Java 技术都称为 Java2)。Java2 不仅兼容于智能卡和小型消费类设备,还兼容于大型服务器系统,它使软件开发商、服务提供商和设备制造商更加容易抢占市场。这一开发工具极大地简化了编程人员开发企业级 Web 应用的工作,把"一次编程,到处使用"的诺言应用到服务器领域。

1999 年,SUN 公司把 Java2 技术分成 J2SE(标准版)、J2EE(企业版)和 J2ME(微型版)。其中 J2SE 就是指从 1.2 版本开始的 JDK,它为创建和运行 Java 程序提供了最基本的环境。J2EE 和 J2ME 建立在 J2SE 的基础上,J2EE 为分布式的企业应用提供开发和运行环境,J2ME 为嵌入式应用(比如运行在手机里的 Java 程序)提供开发和运行环境。

Java 的公用规范(Publicly Available Specification,PAS)在 1997 年被国际标准化组织(ISO)认定,这是 ISO 第一次破例接受一个具有商业色彩的公司作为公用规范的提交者。

2000 年,SUN 公司发布了 JDK1.3 和 JDK1.4,它们是在原先版本的基础上做了一些改进,扩展了标准类库,提高了系统性能,修正了一些 Bug。

2002 年,J2SE 发布 1.4 版本,自此 Java 的计算能力有了大幅提升。

2004 年,J2SE1.5 发布,这是 Java 语言发展史上的又一里程碑事件,为了体现这个版本的重要性,J2SE1.5 被更名为 J2SE5.0。

2005 年,JavaOne 大会召开,SUN 公司公开 Java SE6,此时 Java 的各种版本都已经更名,J2EE 更名为 Java EE,J2SE 更名为 Java SE,J2ME 更名为 Java ME。

随着以操纵海量数据为主的软件系统越来越依赖商业硬件,而不是专用服务器,以 Solaris 操作系统为主打产品的 SUN 公司变得越来越不景气,Java 的发展停滞了很长一段时间,直到 2009 年被 Oracle 公司收购。2011 年 Oracle 公司发布了 JDK7,做了一些简单的改进。

2014 年,Oracle 公司发布了 JDK8,这一版本作出了重大改进,其中比较重要的改进包括以下几点。

1)引入能够简化编程的 Lambda 表达式。

2)接口中允许包含实现的默认方法和静态方法。

3)引入功能强大的 Stream API。

4)引入方便使用的处理日期和事件的新 Date/Time API。

5)引入避免空指针异常的 Optional 类。

总之,面向对象的 Java 语言具备"一次编程,到处使用"的能力,使其成为服务提供商和系统集成商用于多种操作系统和硬件平台的首选解决方案。Java 作为软件开发的一种革命性技术,其地位已被确定。如今,Java 技术已成为当今世界信息技术的主流之一。

3. Java 语言的特点

Java 是一种多线程的动态语言,具有简单性、面向对象、分布式、健壮性、安全性、体系结构中立、可移植性和多线程等多种特性,具体内容如下。

(1)简单性

Java 语言的简单性主要体现在以下三个方面:

1)Java 摒弃了一些烦琐的操作,如指针和内存管理;

2)Java 使用 IP 协议的 API 使得 Java 在引用应用程序时可以凭借 URL 访问网络上的对象;

3)利用 Java 的语法特性,轻松完成分布式环境和为 Internet 提供动态内容。

(2)面向对象

面向对象编程是 Java 语言的核心,Java 在对类、对象、继承、封装、多态、接口、包等均有很好支持的同时也继承了面向对象的诸多好处,如代码扩展、代码复用等。

(3)分布式

Java 的网络非常强大,而且使用起来十分方便。Java 提供了支持 HTTP 和 FTP 等基于TCP 的 Servlet 技术,使 Web 服务器的 Java 处理变得非常简单和高效。

(4)健壮性

Java 的设计目标之一就是可以用 Java 开发出在很多方面都可靠的程序。包括：

1）Java 致力于检查程序在编译和运行时的错误，类型检查能够检查出许多早期出现的错误；

2）Java 自己操作内存减少了内存出错的可能性。

这些功能极大缩短了开发 Java 应用程序的周期。而且 Java 编译器会在编译时检查出很多其他语言需要在运行时才会显示出来的错误。

(5)安全性

Java 摒弃了指针和内存管理操作，避免了指针和释放内存等非法内存操作。另外，Java 语言在机器上执行前会经过多次测试，以防止恶意代码对本地计算机资源的访问。例如：检测指针操作、对象操作是否试图改变一个对象的类型等。

(6)体系结构中立

只要系统中有 Java 的运行环境，就可以在该系统上运行 Java 代码。现在 Java 运行系统有 Solaris、Linux、Windows 等。Java 源程序被编译成一种在虚拟机上运行的 Java 字节码格式语言，这种语言与计算机体系结构无关，由机器相关的运行调试器实现执行。

(7)可移植性

有 Java 解释器和运行环境的计算机系统就可以运行 Java 应用程序，这使得 Java 应用程序有了方便移植的基础。

(8)多线程

Java 提供的多线程功能可以实现在一个程序里同时执行多个小任务。多线程带来的更大的好处是提高了交互性能和实时控制性能。

4. Java 的执行过程

在了解 Java 程序的执行过程之前，需要对 Java 的虚拟机进行简单的讲解。Java 在机器与编译程序之间加入了一个虚拟机，它可以为所有平台提供编译程序的共同接口，进而编译程序只需要生成虚拟机可以理解的代码，再交给解释器，解释器将虚拟机提供的代码转换为特定系统的机器码。

这种供虚拟机理解的代码叫作字节码，它是 Java 的魅力之一。字节码不面向任何处理器，只面向虚拟机执行。Java 的源程序经过编译器编译后变成 Java 特有的字节码，虚拟机解释执行字节码后，将其交由解释器翻译成特定机器的机器码，最后才在特定的机器上运行。

在设计 Java 之初，为了降低程序的复杂性并将程序员从内存管理的负担中解脱出来，Java 创建了自动内存垃圾回收机制，程序员只要在需要内存的时候申请即可，不再需要进行内存释放操作。自动内存垃圾回收机制可以自主收集、释放内存中无用的块。

开发 Java 应用程序需要经过编写代码、编译程序、运行并执行三个部分。在 Java 编译程序的阶段，会将源程序翻译为 JVM 可以执行的代码，即字节码。Java 编译器会将变量和方法的引用信息保留在字节码中，由解释器在运行过程中创立内存布局，然后通过查表来确定其地址。这样就保障了 Java 的可移植性。一个 Java 程序必须要经过编写、编译和运行三个步骤。

1）编写是指在 Java 开发环境中进行程序代码的输入，最终形成后缀名为".java"的

Java 源文件。

2）编译是指使用 Java 编译器对源文件进行错误排查的过程，编译后将生成后缀名为".class"的字节码文件，不像 C 语言那样生成可执行文件。

3）运行是指使用 Java 解释器将字节码文件翻译成机器代码，执行并显示结果。

Java 程序运行流程如图 1-3 所示。

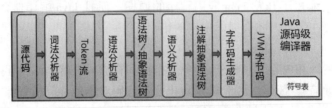

图 1-3　Java 程序运行流程

解释器运行 JVM 字节码的执行过程分为三步：装入代码、校验代码、执行代码。其中装入代码的工作需要交由 Java 的"类装载器"完成。装载器装入一个程序所需的所有代码，包括继承类和调用类。这使得本地类通过共享相同的名字空间获得较高的运行效率，同时又保证它们与从外部引进的类不会相互影响。Java 字节码执行流程如图 1-4 所示。

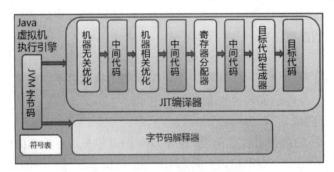

图 1-4　Java 字节码执行流程

当装载器装入了所有需要的类之后，解释器就可以确定整个可执行程序的内存布局了。随后，被装入的代码由字节码校验器进行检查。校验器可发现操作栈溢出以及非法数据类型转化等多种错误。通过校验后，代码便开始执行了。

JVM 在类加载阶段需要完成以下三件事情。

1）通过一个类的全限定名称来获取定义此类的二进制字节流。

2）将这个字节流所代表的静态存储结构转化为方法区运行时的数据结构。

3）在 Java 堆中生成一个代表这个类的 java.lang.Class 对象，作为方法区数据的访问入口。

类加载后的最终产品是位于堆区中的 Class 对象，Class 对象封装了类在方法区内的数据结构，并且向 Java 程序员提供了访问方法区内数据结构的接口。JVM 的工作方式如图 1-5 所示。

项目一 初识 Java

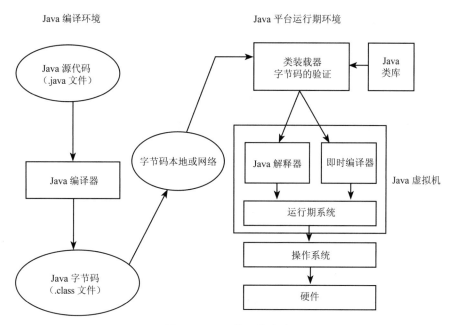

图 1-5 JVM 的工作方式

技能点二 配置 Java 开发环境

Java 还提供了一个免费的 Java 开发工具集（Java Developers Kits，简称 JDK），编程人员和最终用户可以利用这个工具来开发 Java 程序或调用 Java 内容。JDK 开发工具包结构如图 1-6 所示。

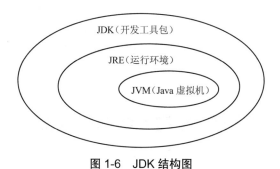

图 1-6 JDK 结构图

1. JDK 的下载安装

（1）从 Oracle 官网下载 JDK

需要到 JDK 的官网注册账号并下载 JDK 工具的安装包，本课程所需版本为 JDK1.8，下载链接为"https://www.oracle.com/java/technologies/javase/javase-jdk8-downloads.html"。

进入链接后可以看到不同系统的 JDK 下载选项，这里选择下载 Windows x64 版，点击

"jdk-8u181-windows-x64.exe"开始下载,如图 1-7 所示。

图 1-7　下载 Windows 系统 JDK

在弹出的窗口中选择同意 Oracle 的协议后登录或创建 Oracle 账户即可开始下载,如图 1-8 和图 1-9 所示。

图 1-8　同意 Oracle 协议

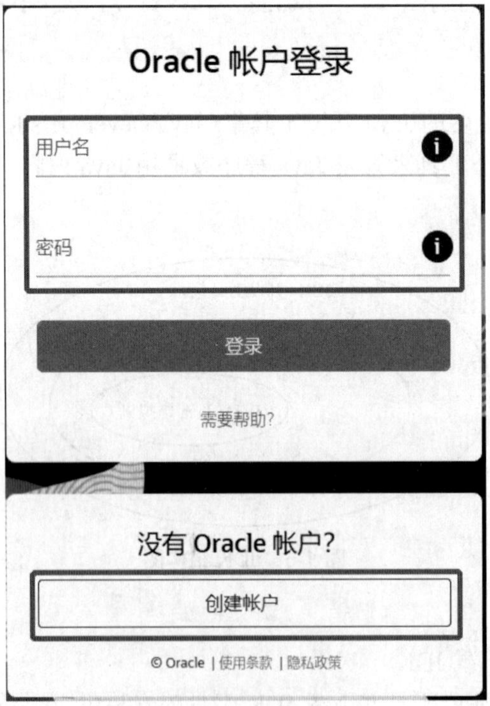

图 1-9　登录或注册账户

（2）通过华为镜像下载 JDK

由于国外官网下载速度一般较慢，所以可以选择在国内的镜像地址下载，链接为"https://repo.huaweicloud.com/java/jdk/8u192-b12/jdk-8u192-windows-x64.exe"。

（3）JDK 的安装

下载完 JDK 之后，开始对 JDK 进行安装，具体安装步骤如下所示。

第一步，打开下载好的 JDK 文件，弹出安装对话框，如图 1-10 所示。

图 1-10　安装对话框

第二步，点击"下一步"按钮，进入"定制安装"界面，如图 1-11 所示。

第三步，更改 JRE 安装的目录，选择 JRE 安装目录并点击"下一步"，如图 1-12 所示。

第四步，安装完毕，点击"关闭"即可完成 JDK 的安装，如图 1-13 所示。

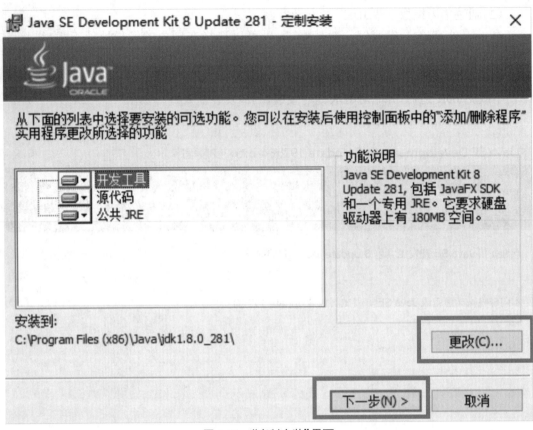

图 1-11 "定制安装"界面

选择JRE安装路径,与上一步选择的路径在同一级。
例如上一步选择的路径为C:\Program Files\Java\jdk1.8.0_281,
则当前路径应该为C:\Program Files\Java\jre1.8.0_281

图 1-12 更改 JRE 安装目录

项目一　初识 Java

图 1-13　安装完成界面

2. 环境变量的配置

编译和执行 Java 源程序时，需要知道编译器和解释器所在的位置，以及用到的类库位置，这时需要配置系统环境变量，为 Java 类库、编译器和解释器配置搜索路径等信息。

第一步，使用鼠标右键单击"此电脑"图标，在弹出的快捷菜单中选择"属性"选项，弹出"系统设置"界面，选择"高级系统设置"选项，如图 1-14 所示。

图 1-14　"系统设置"界面

第二步，在弹出的"系统属性"窗口中单击"环境变量"按钮，如图 1-15 所示。

图 1-15 "系统属性"窗口

第三步,在"环境变量"对话框中的"系统变量"栏中单击"新建"按钮,如图 1-16 所示。

第四步,在弹出的"新建系统变量"对话框中的"变量名"文本框中输入"JAVA_HOME",在"变量值"文本框中输入"C:\Program Files\Java\jdk-1.8.0_261"(如果在安装的时候修改了默认安装位置,则需要填写新的安装位置),如图 1-17 所示。点击"确定"按钮完成设置,返回"环境变量"对话框。

第五步,在"环境变量"对话框的"系统变量"栏中选择 Path 选项,单击"编辑"按钮,弹出"编辑环境变量"对话框,单击右侧"新建"按钮后输入"%JAVA_HOME%\bin",再次单击"新建"按钮后输入"%JAVA_HOME%\jre\bin",输入完成后的结果如图 1-18 所示。

第六步,回到"环境变量"对话框,继续在"系统变量"栏中选择"新建"按钮,弹出"新建系统变量"对话框。在"变量名"文本框中输入"CLASSPATH",在"变量值"文本框中输入".;%JAVA_HOME%\lib\dt.jar;%JAVA_HOME%\lib\tools.jar;",如图 1-19 所示。

第七步,通过组合键"Win+R"输入"cmd"弹出命令行,在命令行中输入"java"后回车,输出一系列命令即可证明 JDK 安装完成和环境变量配置正确,如图 1-20 所示。

项目一 初识 Java

图 1-16 "环境变量"对话框

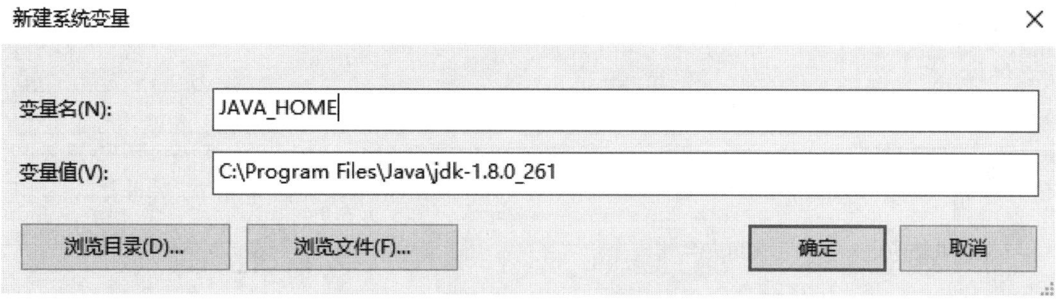

图 1-17 编辑 JAVA_HOME 环境变量

图 1-18 编辑 Path 变量

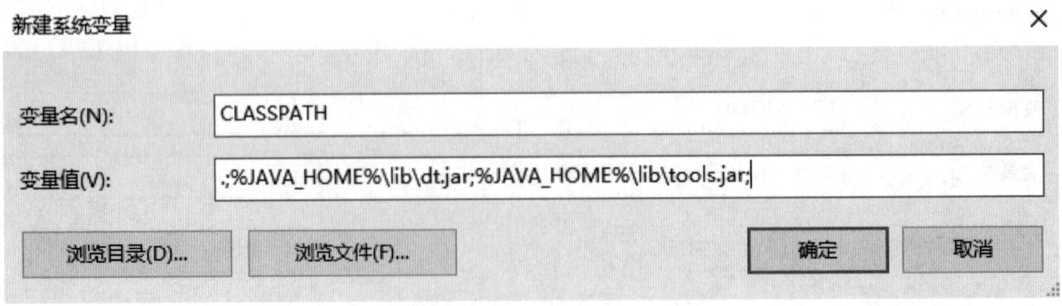

图 1-19 新建 CLASSPATH 变量

图 1-20　检查 JDK 和环境变量

3. Eclipse 集成开发工具

集成开发环境（IDE）是提供程序开发环境的应用程序，一般包括代码编辑器、编译器、调试器和图形用户界面工具。IDE 是集代码编写功能、分析功能、编译功能、调试功能等于一体的开发软件服务套件，所有具备 IDE 特性的软件或者软件套件都可以成为集成开发环境。

Eclipse 是一个开放源代码的、基于 Java 的可扩展集成开发平台。由于 Eclipse 附带了一个包括 Java 开发工具的标准插件集（JDT），因此只要安装了 Eclipse 和 JDT，就可以使用 Eclipse 开发 Java 应用程序。同时它体积小，操作简便，适合初学者使用。

课程思政：不断学习，自立自强

目前主流的开发工具还是 Eclipse、IDEA，而日常学习中所接触到的软件大部分是国外开发，但使用非国产软件还是会存在一定的安全风险。党的二十大报告中提出，加快实施创新驱动发展战略。坚持面向世界科技前沿、面向经济主战场、面向国家重大需求、面向人民生命健康，加快实现高水平科技自立自强。我国虽然在科技信息领域存在短板，但在互联网和新兴技术方面已有后来居上之势，在电商、支付、共享经济方面，我国走在了世界的前列，在人工智能、大数据、5G 通信、物联网、云计算等新兴技术领域的相关成果与话语权也不断增长。作为软件从业人员要坚持自主研发，不断学习，才能实现真正的自立自强。

第一步，到官网"https://www.eclipse.org/downloads/"下载安装包，之后进入链接并点击页面中的"Download 64 bit"按钮，如图 1-21 所示。

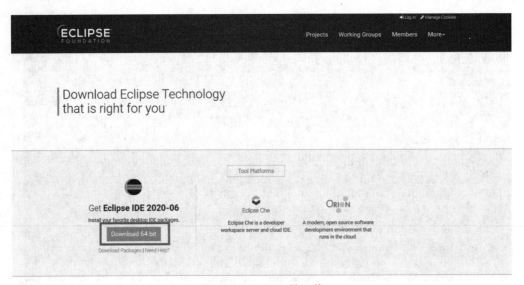

图 1-21　Eclipse 的下载

第二步，在页面跳转后点击"Download"按钮即可开始下载 Eclipse 安装包，如图 1-22 所示。

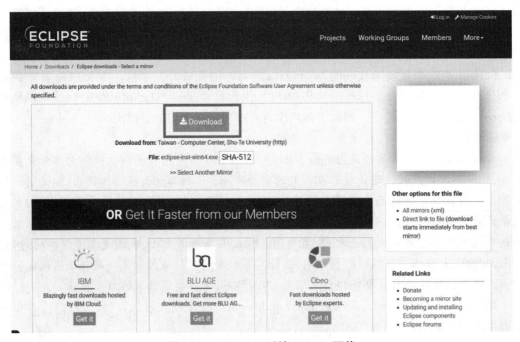

图 1-22　Windows 系统 Eclipse 下载

第三步，双击运行刚刚下载完成的 Eclipse 安装包"eclipse-inst-win64"，在"eclipseinstaller"界面中选择"Eclipse IDE for Java Developers"选项，如图 1-23 所示。

图 1-23　安装 Eclipse

第四步，在新的窗口中选择 JDK 的安装路径（默认已自动选择好），如果需要修改 Eclipse 的安装路径则可以点击"📂"按钮，如果不需要修改则直接点击"INSTALL"按钮开始安装，如图 1-24 所示。在弹出的协议通知中点击"Accept Now"按钮同意协议，如图 1-25 所示，等待过程中如有弹窗，则选择"Accept"即可，安装过程结束后，点击"LAUNCH"按钮即可完成安装，如图 1-26 所示。

图 1-24　开始安装 Eclipse

图 1-25 同意 Eclipse 相关协议

图 1-26 完成 Eclipse 安装

第五步，配置 Eclipse 的 Java 开发环境，双击 Eclipse 快捷方式，选择默认的工作空间，点击"Launch"按钮进入 Eclipse 主界面，如图 1-27 所示。

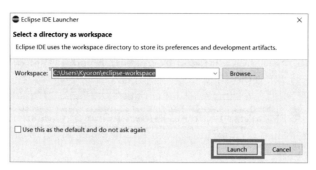

图 1-27 Eclipse 默认工作空间

关闭欢迎界面后,Eclipse 的主界面如图 1-28 所示。

单击"Windows"(窗口)→"Preferences"(首选项),打开"Perferences"对话框,展开 Java 树形列表,选择该节点下的 Installed JREs(已安装的 JRE)子节点,界面左侧出现如图 1-29 所示的列表框,检查列表框中 JRE 的名称、位置与所安装的 JRE 是否一致,若不一致则需要修改为一致的内容,若一致,点击"OK"按钮关闭对话框即可,此时开发 Java 程序的环境就搭建完成了。

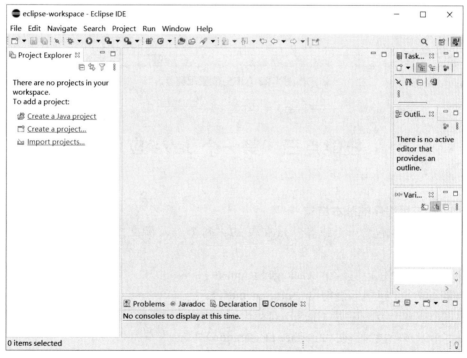

图 1-28 Eclipse 的主界面

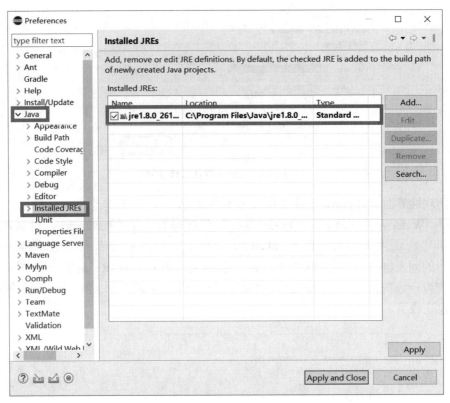

图 1-29　JRE 位置配置

技能点三　第一个 Java 应用

1. Java 应用程序的基本结构

一个 Java 应用包含一个或多个 Java 源文件，每个 Java 源文件只能包含下列内容（空格和注释除外）：

1）零个或一个包声明语句（Package Statement）；
2）零个或多个包引入语句（Import Statement）；
3）零个或多个类的声明（Class Declaration）；
4）零个或多个接口声明（Interface Declaration）。

类是 Java 语言的核心要素，是组成 Java 程序的最小结构单位。一个 Java 源程序文件中可以包括一个或多个类的定义，定义类时，必须使用关键字 class。类可以由程序员自己命名，但要符合标识符定义规则。习惯上，类名称每个单词的首字母大写。需要注意的是，标识符的定义规则是以字母、下画线、美元符号（$）开始；其后面是任意个字母、数字（0~9）、下画线和美元符号的字符序列。Java 标识符区分大小写，对长度没有限制。用户定义的标识符不可以是 Java 关键字。

例如，定义一个名称为"HelloWorld"的类，如示例代码 1-1 所示。

示例代码 1-1
```
// 类注释
class HelloWorld
{
    // 大括号内包含的部分属于类体
}
```

2. 程序入口——main() 方法

Java 应用程序的入口是 main() 方法。所谓入口方法,是指 Java 系统在运行应用程序时,最先执行的方法。一个 Java 应用程序有且只有一个 main() 方法。包含 main() 方法的类被称为应用程序的主类,主类必须定义为公共类。作为程序执行的起点,main() 方法的定义如示例代码 1-2 所示。

示例代码 1-2
```
// 类注释
public class HelloWorld
{
    public static void main (String args[])
    {
        // 此大括号内包括的部分为 main() 方法的方法体
    }
}
```

一个 main 函数需要包含在类中,在上面的代码中定义了一个 HelloWorld 类,它包含了一个主函数,以下是 main() 方法定义格式中关键字及参数的说明。

1)public 关键字表明 main() 方法为公共方法。

2)static 关键字表明 main() 方法为静态方法。由于 main() 方法的调用先于主类对象的创建,因此 static 关键字对 main() 方法是必不可少的。

3)void 关键字表明 main() 方法没有返回值。main() 方法属于功能型的方法,没有返回值。

4)String args[] 是 main() 方法的参数定义,用来向入口方法传递命令行参数。args 是参数名称,参数的类型为字符数组。String 是 Java 系统提供的字符串类的名称,不能拼写错误,其中第一个字母必须大写;args 作为变量名,可以被其他合法的标识符代替。

经过以上内容的讲解,本任务将通过实现"在 Eclipse 环境中开发第一个应用程序"案例来巩固 Java 程序的创建和使用,具体操作步骤如下。

第一步,使用 Eclipse 创建 Java 项目,配置好 Eclipse 后,在菜单栏中单击"File"(文件)→ New(新)→ "Java Project"(项目),如图 1-30 所示,在"Project name"(项目名)文本框中输入项目名"FirstProject",点击"Finish"按钮创建项目,如图 1-31 所示。

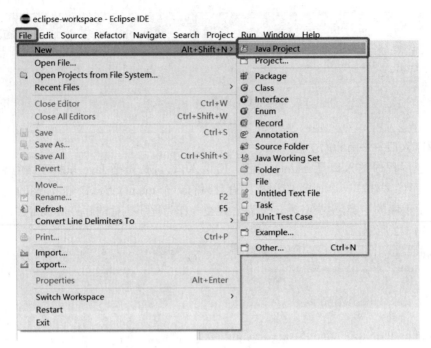

图 1-30　选择新建项目

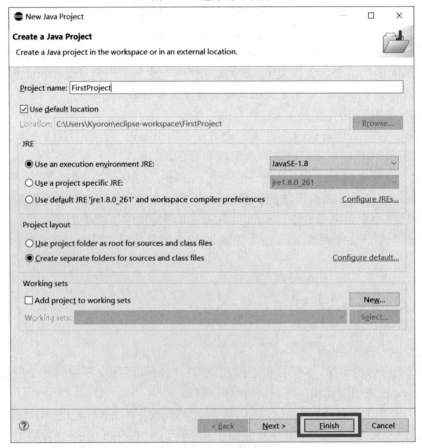

图 1-31　新建 FirstProject 项目

第二步，创建一个 Java 包并写入一个"HelloWorld"类，展开"FirstProject"文件夹，选中"src"文件夹，右键选择"New"中的"Package"选项，如图 1-32 所示。在弹出的"New Java Package"对话框中的"Name"文本框中输入包名，命名方式为"com.（自定义）.（自定义）"，如图 1-33 所示。在 Eclipse 右侧选中刚刚创建的包，右键选择"New"中的"Class"选项，如图 1-34 所示。在"New Java Class"对话框中的"Name"文本框中输入类名"HelloWorld"，勾选"public static void main(String[] args)"选项让类创建时自带 main 入口方法，完成后点击"Finish"按钮完成"HelloWorld"类的创建，如图 1-35 所示。

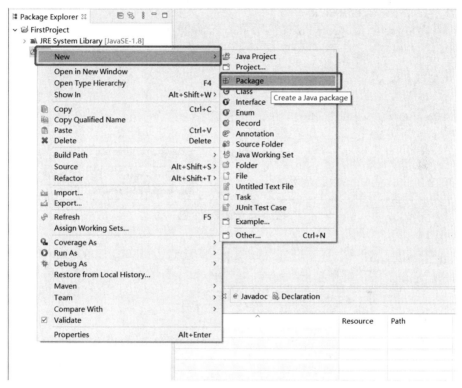

图 1-32　选择新建包

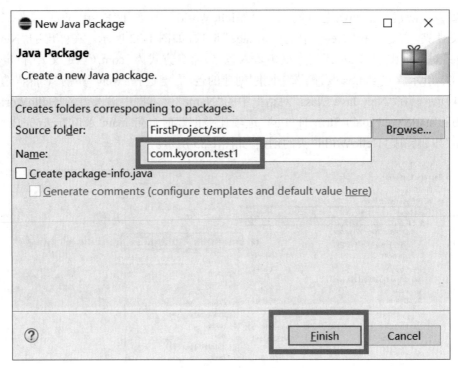

图 1-33　创建一个包

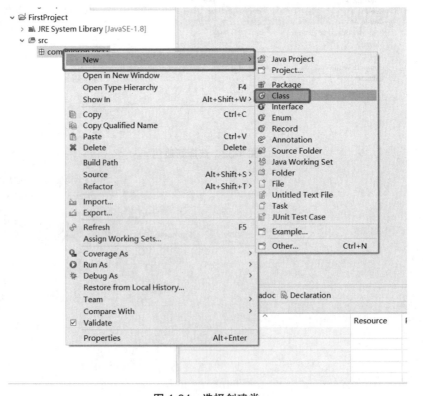

图 1-34　选择创建类

项目一　初识 Java

图 1-35　创建 HelloWorld 类并自动生成 main() 方法

第三步,在类中输入代码并输出"HelloWorld"。双击打开刚刚创建好的"HelloWorld"类,在自动生成的 main 入口方法中编写代码,如示例代码 1-3 所示。

示例代码 1-3

```
public class HelloWorld
{
    public static void main (String args[])
    {
        System.out.println("Hello World!!");
    }
}
```

在代码区域中右键选择"Run As"中的"Java Application"选项,在 Java 控制台中输出结果,如图 1-36 所示。

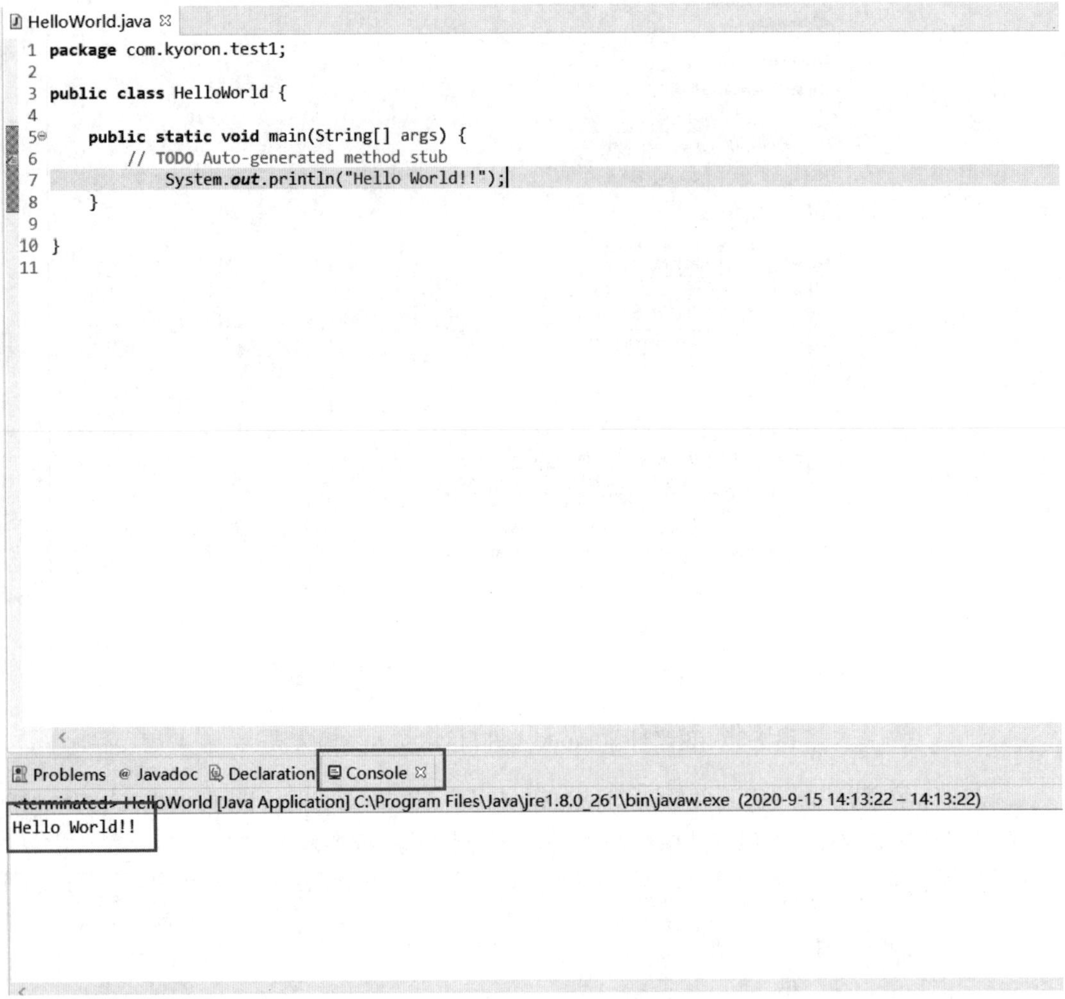

```
 HelloWorld.java ⊠
1  package com.kyoron.test1;
2
3  public class HelloWorld {
4
5⊝     public static void main(String[] args) {
6          // TODO Auto-generated method stub
7          System.out.println("Hello World!!");
8      }
9
10 }
11
```

Problems @ Javadoc Declaration Console ⊠

<terminated> HelloWorld [Java Application] C:\Program Files\Java\jre1.8.0_261\bin\javaw.exe (2020-9-15 14:13:22 – 14:13:22)
Hello World!!

图 1-36 运行并输出 Hello World

本项目通过对 Java 的起源、配置 Java 开发环境、第一个 Java 应用的讲解，使读者了解了 Java 语言的发展，熟悉了 Java 开发环境的搭建和集成开发工具 Eclipse 的使用，并对 Java 程序的开发步骤有了初步的了解，且具备开发简单的输出 HelloWorld 程序的能力。

development	发展	publicly	公开
available	可获得的	specification	规范
package	包裹	statement	声明
import	导入	declaration	公告
interface	接口	public	公共的

一、选择题

1. 下列属于 Java 虚拟机的是（　　）。
A. JDK　　　　　　B. JRE　　　　　　C. JVM　　　　　　D. JDI
2. 下列不属于 Java 语言特点的是（　　）。
A. 可移植性　　　　B. 分布式　　　　　C. 复杂性　　　　　D. 面向对象
3. Java 程序运行顺序正确的是（　　）。
A. 编写、编译、运行　　　　　　　　　B. 编译、编写、运行
C. 编写、运行、编译　　　　　　　　　D. 运行、编译、编写
4. 下列对标识符定义错误的是（　　）。
A. 标识符的定义规则是以字母、下画线、美元符号（$）开始
B. Java 标识符区分大小写，对长度没有限制
C. 用户定义的标识符不可以是 Java 关键字
D. 用户定义的标识符可以用关键字来替代
5. 包含 main 方法的类被称为应用程序的主类，主类必须定义为（　　）。
A. 公共类　　　　　B. 私有类　　　　　C. 受保护类　　　　D. 抽象类

二、填空题

1. Java 中用 _____ 表示单行注释。
2. 作为面向对象的编程语言，_____ 是 Java 语言的核心要素。
3. Java 应用程序的入口是 _____ 方法。
4. _____ 关键字表明 main 方法为公共方法。
5. _____ 关键字表明 main 方法没有返回值。

项目二 Java 基础语法

通过本项目"电脑库存清单"案例的实现,了解 Java 常用编码规则,熟悉 Java 中数据类型的分类,掌握 Java 运算符的使用,具备使用 Java 应用程序进行运算并输出结果的能力。在任务实现过程中:
- 了解 Java 的标识符、关键字;
- 熟悉变量与常量的声明;
- 掌握 Java 中变量的运算方式;
- 具有独立编写 Java 程序并进行数据运算的能力。

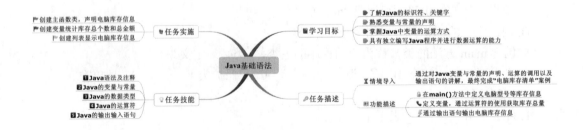

【情境导入】

在学习一门编程语言时,基础知识才是基石,是程序能够正常执行的前提,如语法格式、数据类型以及输入输出操作等,只有将基础知识理解透彻,才能很好地完成项目的开发工作,减少错误出现的可能性,提高工作效率。本项目通过对 Java 变量与常量的声明、运算符的调用以及输出语句的讲解,最终完成"电脑库存清单"案例。

【功能描述】

- 在 main() 方法中定义电脑型号等库存信息;
- 定义变量,通过运算符的使用获取库存总量;
- 通过输出语句输出电脑库存信息。

技能点一　Java 语法及注释

1. Java 常用编码规则

编写 Java 程序时,语句的编写和标识符的命名应遵循相应的编码规范,具体的编码规则如图 2-1 所示。

```
         ┌ 大小写敏感: Java是大小写敏感的,这就意味着标识符Hello与hello是不同的
         │
         │ 语句结束: Java代码的一条语句结束时应使用";"来结尾
常用编码规则 ┤
         │ 命名规则: 所有的类首字母大写,所有的方法名首字母小写,若含有若干单
         │          词,则后面的每个单词首字母大写
         │
         └ 程序入口: 所有的Java程序由pubilc static void main(String []args)方法开始执行
```

图 2-1　Java 的编码规则

2. Java 标识符

Java 标识符是命名程序中各个元素使用的命名记号。类名、变量名以及方法名都称为标识符。其命名方式需注意如下几点：

1）标识符都应该以字母（A-Z 或者 a-z）、美元符（$）或者下画线（_）开始，如：Age、age、$age、_age；

2）首字符之后可以是字母（A-Z 或者 a-z）、美元符（$）、下画线（_）或数字的任何字符组合，例如：name、D_name、A$Age、_1_value，不合法的例子如：new（与关键字相同）、1234（纯数字）、car.taxi（非法的字符"."）；

3）关键字不能用作标识符；

4）标识符区分大小写。

3. Java 修饰符

Java 可以使用修饰符来修饰类中的方法和属性，通常放在语句的最前端。主要有两类修饰符，如表 2-1 所示。

表 2-1 Java 修饰符

访问控制修饰符	非访问控制修饰符
default	final
public	abstract
protected	static
private	synchronized

Java 中可以使用访问控制修饰符来保护对类、变量、方法和构造方法的访问。Java 支持四种不同的访问权限，具体内容如下。

1）default（默认）：在同一包内可见，不使用任何修饰符，使用对象包括类、接口、变量、方法。

2）private：在同一类内可见，使用对象包括变量、方法，但需要注意的是不能修饰类（外部类）。

3）public：对所有类可见，使用对象包括类、接口、变量、方法。

4）protected：对同一包内的类和所有子类可见，使用对象包括变量、方法，其同样不能修饰类（外部类）。

为了实现如下所列的一些功能，Java 也提供了许多非访问控制修饰符。

1）static 修饰符：用来修饰类方法和类变量。

2）final 修饰符：用来修饰类、方法和变量，final 修饰的类不能被继承，修饰的方法不能被继承类重新定义，修饰的变量为常量，是不可修改的。

3）abstract 修饰符：用来创建抽象类和抽象方法。

4）synchronized 修饰符：用于线程的编程。

4. Java 关键字

每个语言都有其保留的关键字，它们都已经被定义好了含义和功能，在命名标识符时关键字不可以作为常量、变量和任何标识符的名称。Java 的关键字如表 2-2 所示。

表 2-2　Java 的关键字

关键字	含义	关键字	含义
private	私有的	volatile	易失
protected	受保护的	break	跳出循环
public	公共的	case	定义值以供 switch 选择
abstract	声明抽象	continue	继续
class	类	default	默认
extends	扩充,继承	do	运行
final	最终值,不可改变的	else	否则
Implements	实现（接口）	for	循环
interface	接口	if	如果
Instanceof	实例	char	字符型
return	返回	byte	字节型
switch	根据值选择执行	double	双精度浮点
while	循环	float	单精度浮点
assert	断言表达式是否为真	int	整型
catch	处理异常	long	长整型
finally	有没有异常都执行	short	短整型
throw	抛出一个异常对象	super	父类,超类
throws	声明可能被抛出异常	this	本类
try	捕获异常	void	无返回值
import	引入	goto	是关键字但是不能使用
package	包	const	是关键字但是不能使用
boolean	布尔型	null	空

5. Java 注释

在 Java 中,空白行或者注释都会被编译器忽略掉。而 Java 中,注释分为单行注释、多行注释和文档注释,它们的使用方法如下所示。

1）单行注释使用"//"表示,在代码起始位置添加"//"进行注释。

2）多行注释以"/*"开头,以"*/"结尾进行注释。

以输出单行"Hello World"为例,在此程序中添加注释让程序的可读性变高,如示例代码 2-1 所示。

示例代码 2-1

```java
public class HelloWorld {
    /* 这是第一个 Java 程序
     * 它将打印 Hello World
     * 这是一个多行注释的示例
     * System.out.println(" 多行注释 ");
     */

    public static void main(String []args){
        // 这是单行注释的示例 System.out.println(" 单行注释一号 ");
        /* 这个也是单行注释的示例 System.out.println(" 单行注释二号 "); */
        System.out.println("Hello World");
    }
}
```

在控制台中输出的结果如图 2-2 所示。

```
Problems  @ Javadoc  Declaration  Console
<terminated> ExcepTest [Java Application] C:\Program Files
Hello World
```

图 2-2 单、多行注释

3）文档注释是 Java 特有的注释方式，以"/**"开头，"*/"结尾。在文档注释中 Java 规定了专门的标记，如 @autor、@version 等。程序文档注释通常用于注释类、接口、变量的方法，一个标准注释类如示例代码 2-2 所示。

示例代码 2-2

```java
/**
 * 该类包含了一些操作数据库常用的基本方法，如在库中建立新的数据表
 * 在数据表中插入新记录、删除无用的记录、修改已存在的记录中的数据、查询
 * 相关的数据信息等功能
 * @author Zhang San
 * @version 3.20, 05/02/17
 * @since JDK 1.8
 */
```

在上面的程序文档注释中，除了说明文字之外，还有一些由 @ 字符开头的专门标记，对于它们的说明如下：

① @author 用于说明本程序代码的作者；

② @version 用于说明程序代码的版本及推出时间；

③ @since 用于说明开发程序代码的软件环境。

因为 JDK 提供的文档生成工具 javadoc.exe 能识别注释中这些比较特殊的标记,如"@author"等,并根据这些注释生成超文本 Web 页面形式的文档,所以文档注释中还可以包含 HTML 标注。使用 javadoc 生成的注释文档如图 2-3 所示。

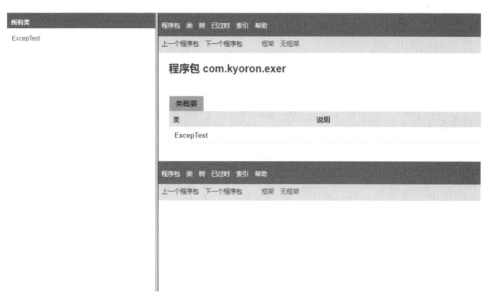

图 2-3 生成的注释文档

课程思政:坚定理想,遵守规则

一切事物都必须有严格的规范和标准,Java 中可以使用访问控制修饰符来保护对类、变量等等的访问,在内部也有 Java 关键字用于定义变量和方法,Java 使用这些严格的语法规则来规范开发人员的编程习惯。规则在生活中也极为常见,从宿舍、班级、学校的各项管理制度到社会、国家的各项规章管理制度,如果没有规章制度就会出现各种状况。应教育学生做人做事需要遵守规则,遵守学校各项规章制度和国家法律法规,做一个守法的好公民。

技能点二 Java 的变量和常量

1. 变量

变量是可变的量,主要的作用是存储运算结果和数据。在程序运行期间,可能会产生一些临时数据,应用程序会将这些数据保存在一些内存单元中,每个内存单元都用一个标识符来标识。这些内存单元被称为变量,定义的标识符就是变量名,内存单元中存储的数据就是变量的值。

(1)变量的声明

声明变量操作是一个完整的语句,用分号结束。语法格式如下。

数据类型 变量名 = 初始值;

在程序中声明两个变量,如示例代码 2-3 所示。

示例代码 2-3

int age = 21;   // 定义整型变量 age,并赋值 21
float price =32.1f;   // 定义浮点型变量,并赋值 32.1

(2)变量的作用域

变量是有作用范围的,如果在作用范围外使用变量则会在编译时出现找不到该变量的错误。在程序中会根据变量的有效范围区分为成员变量和局部变量。成员变量的作用范围在整个类中都有效。成员变量又分为静态变量(被 static 关键字修饰的变量)和实例变量两种,在程序中定义静态变量和实例变量,如示例代码 2-4 所示。

示例代码 2-4

static int age = 25;   static int age; // 定义了一个整型的静态变量
int age = 25;   int age; // 定义了一个整型的实例变量

相比于全局变量,局部变量的作用范围只在当前定义的方法内有效,不能用于类的其他方法中,方法结束后局部变量占用的内存将被释放。

需要注意的是局部变量可与成员变量的名字相同,此时成员变量将被隐藏,即这个成员变量在此方法中暂时失效。

2. 常量

在程序运行过程中不会改变的量为常量,常量值又称为字面常量,它是通过数据直接表示的,在整个程序中只能被赋值一次,主要用于保护一个数据的值。常量的声明方法与变量基本一样,只需在数据类型前面加关键字 final 即可,常量标识符全部用大写字母表示。声明一个常量 PI,如示例代码 2-5 所示。

示例代码 2-5

final double PI =3.14; // 声明了一个名为 PI 的常量

技能点三　Java 的数据类型

Java 是一门强类型语言,需要在编译之前把所有变量和常量的数据类型确定,否则编译器不会进行该变量或常量的编译,Java 中的数据类型有基本数据类型和引用数据类型两类,如图 2-4 所示。

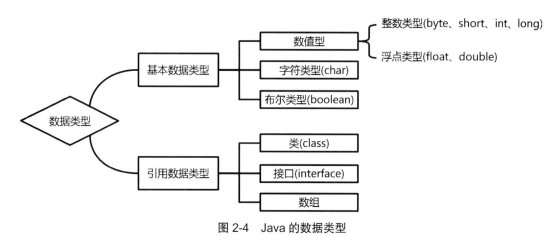

图 2-4 Java 的数据类型

1. 基本数据类型

Java 语言提供了四大类数据类型,分别是整数类型、浮点类型、字符类型和布尔类型,它们的具体说明如表 2-3 所示。

表 2-3 基本数据类型

数据类型	说明
整数类型	用于表示没有小数部分的数值,允许是负数,包括 byte、short、int、long
浮点类型	分为 double(64 位)、float(32 位) 两种类型
字符类型	字符型用于表示单个字符,Java 使用 16 位的 unicode 字符集,unicode 表中的字符就是一个字符常量
布尔类型	使用关键字 boolean 来定义逻辑变量,定义时也可以赋初值。常量只有 true、false

(1)整数类型

Java 提供了四种整数类型,如表 2-4 所示。整数类型可以用十进制、八进制和十六进制表示,八进制中以 0 开头;十六进制中以 0x 或 0X 开头。long 型常量需要在数值尾部加一个字符 L 用于区别整型常量。

表 2-4 整数类型

整数类型	长度	说明	数的范围
byte	1 字节 (8 bit)	用一个字节 (8 个二进制数) 表示整型数	$-128 \sim 127$
short	2 字节 (16 bit)	用两个字节 (16 个二进制数) 表示整型数	$-32768 \sim 32767$
int	4 字节 (32 bit)	用四个字节 (32 个二进制数) 表示整型数	$-2^{32} \sim 2^{31}-1$
long	8 字节 (64 bit)	用八个字节 (64 个二进制数) 表示整型数	$-2^{63} \sim 2^{63}-1$

(2)浮点类型

根据浮点数所表示数的精度可以将其分为单精度和双精度。Float 在 Java 中表示浮点型,也叫单精度浮点型;double 也属于浮点型,又称双精度浮点型,浮点数的默认类型为 double 类型。double 类型同样不能表示精确的值,如货币,默认值是 0.0d。

（3）布尔类型

布尔型数是逻辑值,用于表示"真"和"假"。布尔类型的值用 true 和 false 表示。true 表示"真",false 表示"假"。

2. 引用数据类型

引用数据类型一般需要通过 new 关键字来创建,它存放在内存的堆中。引用变量中存放的不是变量的内容,而是变量内容的地址。Java 中的引用数据类型分为以下三大类。

1）数组引用类型:如"int[] intArray;"。

2）接口引用类型:如"java.lang.Runnable myThread ;"。

3）类引用类型:分为两种,第一种为 Java 提供的类,如 Scanner 类、Random 类;第二种为自己创建的类,在类中包含多种方法和属性。

3. Java 的数据类型转换

在 Java 程序中,可以从一种数据类型转换到另一种数据类型。这种转换是有条件的,不同类型之间并不能随意转换。数据类型转换分为自动和强制两种方式。

（1）隐式转换（自动类型转换）

由系统自动完成的类型转换,从存储范围小的类型转换为存储范围大的类型。如果以下几个条件都满足,那么在将一种类型的数据赋给另外一种类型的变量时,将执行自动类型转换。

1）两种数据类型彼此兼容。

2）目标类型的取值范围大于源数据类型（低级类型数据转换成高级类型数据）。

3）数值型数据的转换:byte → short → int → long → float → double。

4）字符型转换为整型:char → int。

5）转换规则:从低级类型数据转换成高级类型数据。

例:定义牙膏价格为 float 类型,面巾纸价格为 double 类型,购买个数为 int 类型,要求最后价格输出为 double 类型,如示例代码 2-6 所示。

示例代码 2-6

```
package test;
public class test {
    public static void main(String[] args) {
        float price1 = 10.9f;
        double price2 = 5.8;
        int num1 = 2;
        int num2 = 4;
        double res = price1 * num1 + price2 * num2;
        // 不需要显示的转换类型,由 Java 系统自动转换
        System.out.println(" 一共付给收银员 " + res + " 元 ");
    }
}
```

在控制台中输出的结果如图 2-5 所示。

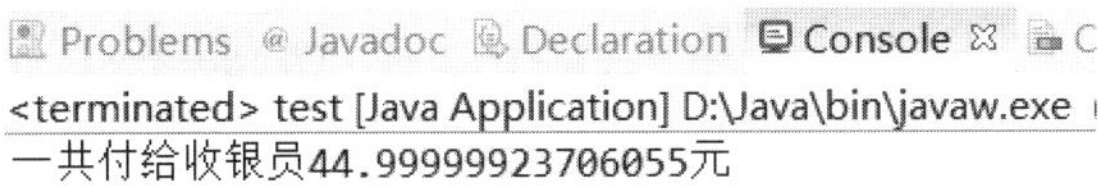

```
Problems  @ Javadoc  Declaration  Console ⊠
<terminated> test [Java Application] D:\Java\bin\javaw.exe
一共付给收银员44.99999923706055元
```

图 2-5　结果转换为 double 类型

（2）显式转换（强制类型转换）

当两种数据类型不满足隐式转换的条件时就需要进行强制类型转换。

1）转换规则：double → float → long → int → short(char) → byte。

2）语法格式：目标数据类型 变量名 =（目标数据类型）数据。

在强制类型转换中，如果是将浮点类型的值转换为整数，会直接去掉小数点后边的所有数字；而如果是整数类型强制转换为浮点类型，会在小数点后面补零。

结合示例代码 2-6 的情景，将示例中的结果输出为 int 类型，学习显示转换。由于 int 类型的取值范围要小于 double 类型的取值范围，所以需要进行强制类型转换，如示例代码 2-7 所示。

示例代码 2-7

```java
package test;
public class test {
    public static void main(String[] args) {
        float price1 = 10.9f;
        double price2 = 5.8;
        int num1 = 2;
        int num2 = 4;
        int res2 = (int) (price1 * num1 + price2 * num2);
        // 需要显示 res2 变量转换类型
        System.out.println(" 一共付给收银员 " + res2 + " 元 ");
    }
}
```

在控制台中输出的结果如图 2-6 所示。

```
Problems  @ Javadoc  Declaration  Console ⊠
<terminated> test [Java Application] D:\Java\bin\javaw.exe
一共付给收银员44元
```

图 2-6　结果转换为 int 类型

技能点四 Java 的运算符

运算符用于执行程序代码运算,会针对一个以上操作数项目来进行运算。Java 提供了六种运算符,分别是赋值运算符、算术运算符、关系运算符、逻辑运算符、位运算符和条件运算符。

1. 赋值运算符

赋值运算符是可以为变量或常量指定数值的符号。赋值运算符的符号为"=",左边的操作数必须是变量,不能是常量或表达式,语法格式如下。

变量名称 = 表达式内容

例:声明一个 name 变量,给它赋值为"张三"并在控制台中打印,如示例代码 2-8 所示。

示例代码 2-8
```
public class ExcepTest {
  public static void main(String []args){
      String name = " 张三 ";
      System.out.print(name);
   }
}
```

在控制台中输出的结果如图 2-7 所示。

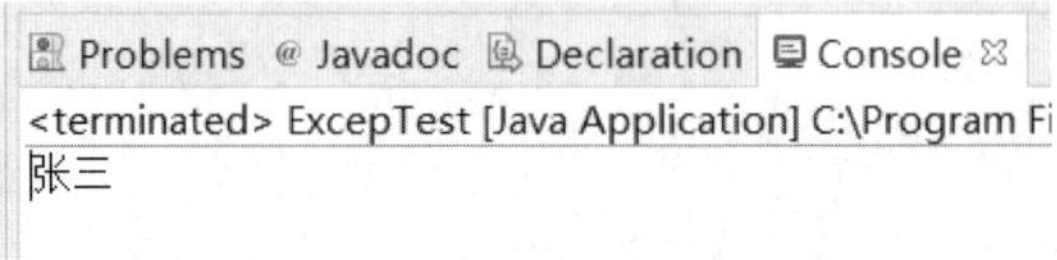

图 2-7 输出变量 name 的值

赋值运算符和算术运算符组成的复合赋值运算符的含义及其使用实例如表 2-5 所示。

表 2-5 赋值运算符的扩展

运算符	例子	等价于	实例	结果
+=	x+=a	x=x+a	int a=5; a+=2;	a=7
-=	x-=a	x=x-a	int a=5; a-=2;	a=3
*=	x*=a	x=x*a	int a=5; a*=2;	a=10
/=	x/=a	x=x/a	int a=5; a/=2;	a=2
%=	x%=a	x=x%a	int a=5; a%=2;	a=1

2. 算术运算符

算术运算符用于数值量的算术运算。由算术运算符连接数值型操作数的运算式称为算术表达式。算术运算符依据算术表达式的操作数个数分为一元和二元运算符。

（1）一元运算符

只有一个操作数的表达式中的运算符属于一元运算符，Java 中的一元运算符如表 2-6 所示。

表 2-6　一元运算符

运算符	运算	示例	功能等价
++	自增	a++ 或 ++a	a=a+1
--	自减	a-- 或 --a	a=a-1
-	求相反数	-a	a=-a

其中 ++、-- 运算符的位置不同，对单独一个变量的影响相同，但是对于整个表达式来说是有区别的。对于它们前置和后置的运算分析如下。

1）前置自增：形如"++X"，先加后用。

例如：i=1;n=++i; 求 i 和 n 的值。

分析：计算 n=++1,

相当于先计算 i=i+1,然后再计算 n=i,

计算结果为：n=2,i=2。

2）后置自增：形如"X++"，先用后加。

例如：i=1; n=i++; 求 i 和 n 的值。

分析：计算 n=i++,

相当于先计算 n=i,然后再计算 i=i+1

计算结果为：n=1,i=2

3）前置自减：如"--X"，先减后用。

例如：i=1;n=--i; 求 i 和 n 的值。

分析：计算 n=--i,

相当于先计算 i=i-1,然后再计算 n=i,

计算结果为：n=0,i=0

4）后置自减：如"X--"，先用后减。

例如：i=1;n=i--; 求 i 和 n 的值。

分析：计算 n=i--,

相当于先计算 n=i,然后再计算 i=i-1,

计算结果为：n=1,i=0。

（2）二元运算符

有两个操作数的表达式中的运算符就称为二元运算符，Java 中的二元运算符如表 2-7 所示。

表 2-7　二元运算符

运算符	名称	示例	功能	实例
+	加	a+b	求 a 与 b 相加的和	a=1;b=2;c=a+b; 此时 c=3
-	减	a-b	求 a 与 b 相减的差	a=2;b=1;c=a-b; 此时 c=1
*	乘	a*b	求 a 与 b 相乘的积	a=2;b=1;c=a*b; 此时 c=2
/	除	a/b	求 a 除以 b 的商	a=2;b=1;c=a/b; 此时 c=2
%	取余	a%b	求 a 除以 b 的余数	a=3;b=2;c=a%b; 此时 c=1

其中需要注意的是，当"/"两端都是整数时，则为整除运算；"%"两侧必须都是整数类型。

例：字符变量的二元运算。定义两个字符变量 a 和 b，分别赋值"a"和"b"；定义整型变量 c，将 a 和 b 相加的值赋给 c；输出 c 的值，如示例代码 2-9 所示。

示例代码2-9
```
public static void main(String[] args) {
    char a='a';
    char b='b';
    int c=a+b; // 字符型变量a与b的相加结果赋值给c
    System.out.println(c);
}
```

在控制台中输出的结果如图 2-8 所示。

```
Problems  @ Javadoc  Declaration  Console ⊠
<terminated> test [Java Application] D:\Java\bin\javaw.exe
163
```

图 2-8　字符变量的二元运算

例：整形变量的二元运算。定义两个整形变量 a 和 b，分别赋值"1"，"2"；定义整型变量 c，将 a 和 b 相加的值赋给 c；输出 c 的值，如示例代码 2-10 所示。

示例代码 2-10
```
public static void main(String[] args) {
    int a=1;
    int b=2;
    int c=a+b; // 将 a 与 b 的和赋值给 c
    System.out.println(c);
}
```

在控制台中输出的结果如图 2-9 所示。

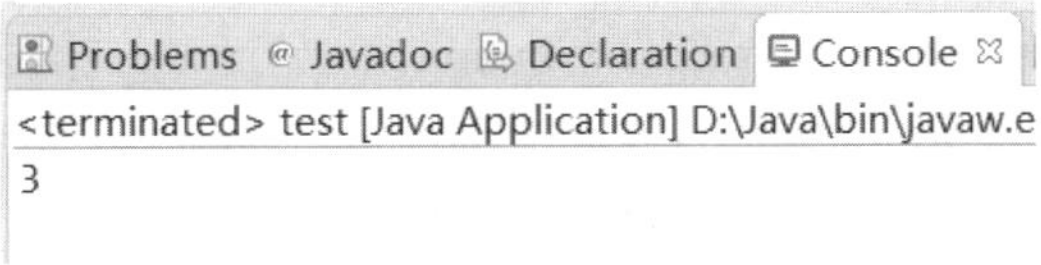

```
Problems  @ Javadoc  Declaration  Console
<terminated> test [Java Application] D:\Java\bin\javaw.e
3
```

图 2-9 整型变量的二元运算

3. 关系运算符

关系运算符也可以称为"比较运算符",用于比较判断两个变量或常量的大小。它的运算结果是 boolean 型。当运算符对应的关系成立时,运算结果是 true,否则是 false。Java 中常用的关系运算符如表 2-8 所示。

表 2-8 Java 中常用的关系运算符

运算符	含义	范例	结果
==	等于	5==6	false
!=	不等于	5!=6	true
>	大于	5>6	false
<	小于	5<6	true
>=	大于等于	5>=6	false
<=	小于等于	5<=6	true

对于 Java 中关系运算符的用法有以下几点需要注意。

1) 运算符 >=、==、!=、<= 是两个字符构成的一个运算符,用空格从中分开写就会产生语法错误。

2) 由于计算机内存放的实数与实际的实数存在着一定的误差,如果对浮点数进行 ==(相等)或 !=(不相等)的比较,容易产生错误结果,应该尽量避免。

3) "=="和"="含义不同,不要将"=="写成"="。

例:定义两个 int 类型的变量,分别输入两个整数,对两个数进行比较并输出具体结果,如示例代码 2-11 所示。

示例代码 2-11
```java
public static void main(String[] args) {
    int number1, number2;
    System.out.print(" 请输入第一个整数 (number1):");
    Scanner input = new Scanner(System.in);
    number1 = input.nextInt();  // 从控制台输入一个数赋值给 number1
    System.out.print(" 请输入第二个整数 (number2):");
    input = new Scanner(System.in);
    number2 = input.nextInt();  // 从控制台输入一个数赋值给 number1
    System.out.println(number1 == number2);  // number1 与 number2 是否相等
```

```
        System.out.println(number1 > number2); // number1 是否比 number2 大
        System.out.println(number1 < number2); // number1 是否比 number2 小
        System.out.println(number1 != number2); // number1 与 number2 是否不相等
}
```

在控制台中输出的结果如图 2-10 所示。

```
请输入第一个整数(number1): 1
请输入第二个整数(number2): 2
false
false
true
true
```

图 2-10 关系运算符的运用

4. 逻辑运算符

逻辑运算符把各个关系表达式连接起来组成一个逻辑表达式,以判断程序中的表达式是否成立,判断的结果是 true 或 false。Java 中常用逻辑运算符和相对应的含义如表 2-9 所示。

表 2-9 常用逻辑运算符的用法、含义及实例

运算符	用法	含义	说明	实例	结果
&&	a&&b	短路与	a,b 全为 true 时,则计算结果为 true,否则为 false	2>1&&3<4	true
||	a||b	短路或	a,b 中有一个为 true 时,则计算结果为 true,否则为 false	2<1||3>4	false
!	!a	逻辑非	a 为 true 时,则值为 false,a 为 false 时,则值为 true	!(2>4)	true
|	a|b	逻辑或	与短路或的逻辑相同	1>2|3>5	false
&	a&b	逻辑与	与短路与的逻辑相同	1<2&3<5	true

对于 Java 中逻辑运算符的用法有以下五点需要注意。
1)"&"和"|":为非简洁运算符,运算符两边表达式总会被运算执行。
2)"&&"和"||":为简洁运算,表达式有可能被忽略,不执行。
3) a&&b:如果 a 为 false,则不计算 b(因为不论 b 为何值,结果都为 false)。
4) a||b:如果 a 为 true,则不计算 b(因为不论 b 为何值,结果都为 true)。
5)"&"和"|"左右两边的式子一定会执行,"&&"和"||"只要左边的式子能得出结果,右边的式子就不会执行。

例:定义语句用于判断 x 的值是否大于 0 且小于或等于 100。判断 y 的值是否能被 4 或者 3 整除。比较 x 和 y 的大小,再将比较结果取反,如示例代码 2-12 所示。

示例代码 2-12

```
public class ExcepTest {
    public static void main(String []args){
```

```
        int x = 1;
        int y = 4;

        boolean xboolean = x>0 && x<=100;
        // 只有两个条件同时成立结果才为真（true）
        System.out.println(xboolean);
        boolean yboolean = y%4==0 || y%3==0;
        // 只要有一个条件成立,结果就为真（true）
        System.out.println(yboolean);
        boolean xyboolean = !(x>y);
        // 如果 x 大于 y 成立,则结果为假（false）,否则为真（true）。
        System.out.println(xyboolean);

    }
}
```

在控制台中输出的结果如图 2-11 所示。

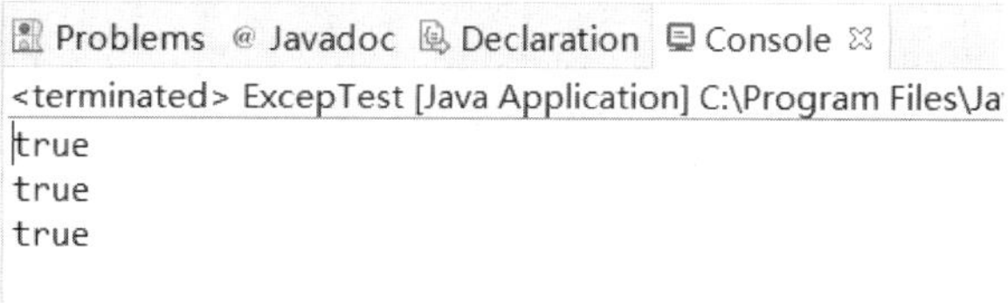

图 2-11 逻辑运算的结果

5. 位运算符

位运算符包含四个,分别是 &（与）、|（或）、~（非）和 ^（异或）。除了 ~（非）为单目运算符外,其余都为双目运算符。Java 中的位运算符如表 2-10 所示。

表 2-10 位逻辑运算符

运算符	含义	实例	结果
&	按位进行与运算 (AND)	4&5	4
|	按位进行或运算 (OR)	4|5	5
^	按位进行异或运算 (XOR)	4^5	1
~	按位进行取反运算 (NOT)	~4	-5
>>	右移位运算符	8>>1	4
<<	左移位运算符	9<<2	36

6. 条件运算符

条件运算符的一般形式为"表达式？结果正确返回此值:结果错误返回此值",它常用来处理简单分支的取值。使用该运算符时需要有三个操作数,因此也可称其为三目运算符,它的语法格式如下。

> x ? y : z

过程为先计算表达式 x 的值,若 x 为真,则整个运算的结果为表达式 y 的值;若 x 为假,则整个运算的结果为表达式 z 的值。

例:计算 z 的值,首先要判断 x>y 表达的值,如果为 true,z 的值为 x-y;否则 z 的值为 x+y,如示例代码 2-13 所示。

示例代码 2-13

```java
public class ExcepTest {
    public static void main(String []args){
        int x,y,z;
        x = 6;
        y = 2;
        z = x>y ? x-y : x+y;
        System.out.println(z);
    }
} // 很明显 x>y 表达式结果为 true,所以 z 的值为 x-y 的结果也就是 4。
```

在控制台中输出的结果如图 2-12 所示。

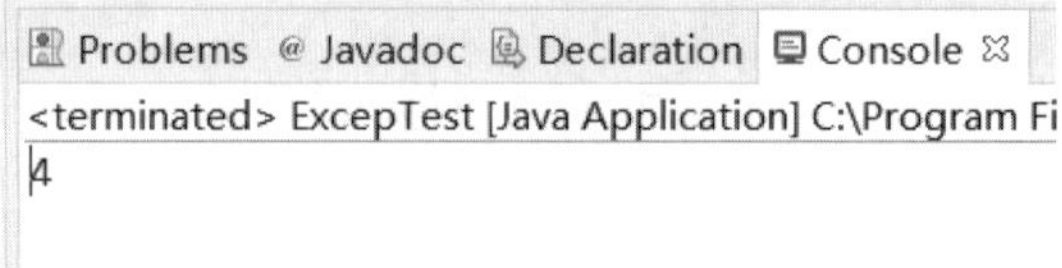

图 2-12 三目运算符的判断结果

例:在程序中声明三个变量 x、y、z,由用户从键盘输入 x 的值然后使用条件运算符向变量 y 和变量 z 赋值,如示例代码 2-14 所示。

示例代码 2-14

```java
public static void main(String[] args) {
    int x, y, z;
    System.out.print(" 请输入一个数:");
    Scanner input = new Scanner(System.in);
    x = input.nextInt();    // 得到控制台中输入的数
    y = x > 5 ? x : 2;    // 进行判断
    z = y > x ? y : 5;
    System.out.printf("x=%d \n", x);
    System.out.printf("y=%d \n", y);
    System.out.printf("z=%d \n", z);    // 输出结果
}
```

在控制台中输出的结果如图 2-13 所示。

图 2-13 判断之后得到的结果

7. 运算符的优先级

Java 语言中大部分运算符是从左向右结合的,只有单目运算符、赋值运算符和三目运算符具有右结合性,即从右向左运算。单目运算符优先级较高,赋值运算符优先级较低,算术运算符优先级较高,关系和逻辑运算符优先级较低。

Java 语言中运算符的优先级共分为 13 级,其中 1 级最高,13 级最低。在同一个表达式中运算符优先级高的先执行。Java 的运算符优先级如表 2-11 所示。

表 2-11 Java 的运算符优先级

优先级	运算符	结合性
1	()、[]、{}	从左向右
2	!、+、-、~、++、--	从右向左
3	*、/、%	从左向右
4	+、-	从左向右
5	<<、>>、>>>	从左向右
6	<、<=、>、>=、instanceof	从左向右
7	==、!=	从左向右
8	&	从左向右
9	^	从左向右
10	&&	从左向右
11	||	从左向右
12	?:	从右向左
13	=、+=、-=、*=、/=、&=、|=、^=、~=、<<=、>>=、>>>=	从右向左

技能点五 Java 的输出输入语句

计算机系统通常都有默认的标准输入设备和标准输出设备。对于一般的系统,标准输入设备通常是指键盘,标准输出设备通常是指显示器。Java 语言预先定义好了两个流对象,即 System.in 和 System.out,可以从键盘输入数据,并向显示器输出数据,分别与系统的标准输入设备和标准输出设备相联系。

1. 输出语句

基本数据类型可以用 PrintStream 类中的方法完成输出。该类中有以下三种常用的方法:

1) void print(基本数据类型数据);

2) void println(基本数据类型数据)

3) void printf(输出格式控制字符串,输出项表列)。

使用不同的输出语句在控制台中输出结果,如示例代码 2-15 所示。

示例代码 2-15
```
public static void main(String[] args){
    System.out.printf("%+8.3f\n", 3.14);
    System.out.printf("%+-8.3f\n", 3.14);
    System.out.printf("%08.3f\n", 3.14);
    System.out.printf("%(8.3f\n", -3.14);
    System.out.printf("%,f\n", 123456.78);
    System.out.printf("%x\n", 0x2a3b);
    System.out.printf("%#x\n", 0x2a3b);
}
```

在控制台中输出的结果如图 2-14 所示。

```
 Problems  @ Javadoc  Declaration  Console
<terminated> test [Java Application] D:\Java\bin\javaw.e
   +3.140
+3.140
0003.140
 (3.140)
123,456.780000
2a3b
0x2a3b
```

图 2-14 输出语句

2. 输入语句

Java 可通过 java.io 包中的 InputStream 类、OutputStream 类、Reader 类和 Writer 类以及继承它们的各种子类实现数据的输入输出。Java 中的输入可以使用 Scanner 类对象或者控制台输入。

(1) 使用 Scanner 类对象

"java.util.Scanner"是 Java5 的新特征,可以通过 Scanner 类来获取用户的输入。创建 Scanner 对象的基本语法如下。

```
Scanner reader = new Scanner(System.in);
```

通过 Scanner 类的 next() 与 nextLine() 方法获取输入的字符串。其中，next() 方法必须读取到有效字符后才可以结束输入，在读取时，自动去掉输入有效字符前遇到的空白，并且只有输入有效字符后才将其后面输入的空白作为分隔符或者结束符，不能得到带有空格的字符串。nextLine() 方法以 Enter 为结束符并且可以获得空白。

（2）读取控制台输入

Java 的控制台输入由"System.in"完成。把"System.in"包装在一个 BufferedReader 对象中来创建一个字符流，其基本语法如下。常见的包为 java.util、java.lang。

```
BufferedReader br = new BufferedReader(new InputStreamReader(System.in));
```

（3）读取多字符输入

System.in.read(t) 方法用于获得用户从键盘输入的数据，存入字节数组"t"中。Java 系统是强类型语言，要求先定义后使用。使用 read() 方法读取一个字符，基本语法如下。

```
int read( ) throws IOException;
```

每次调用 read() 方法，都将从输入流读取一个字符并把该字符作为整数值返回。当到达输入流的末尾或没有可用的字节时则返回"-1"。

通过以上内容的讲解，本任务将通过实现一个"电脑库存清单"案例来巩固 Java 运算符以及输出语句的使用。具体操作步骤如下。

第一步，在 Eclipse 中创建 Demo 类，声明 main 主方法，并在 main 主方法中定义三个品牌电脑的型号、尺寸、价格以及库存量，如示例代码 2-16 所示。

示例代码 2-16

```java
public class Demo {
    public static void main(String[] args) {
        // 苹果笔记本电脑
        String macBrand = "MacBookAir";
        double macSize = 13.3;
        double macPrice = 6988.88;
        int macCount = 10;
        // 联想 Thinkpad 笔记本电脑
        String thinkpadBrand = "ThinkpadT450";
        double thinkpadSize = 14.0;
        double thinkpadPrice = 5999.99;
        int thinkpadCount = 20;
```

```
            // 华硕 ASUS 笔记本电脑
            String ASUSBrand = "ASUS-FL5800";
            double ASUSSize = 15.6;
            double ASUSPrice = 4999.50;
            int ASUSCount = 15;
        }
    }
```

第二步,创建变量统计库存总数、库存总金额,如示例代码 2-17 所示。

示例代码 2-17

```
int totalCount = macCount + thinkpadCount + ASUSCount;
double totalMoney = (macCount * macPrice) + (thinkpadCount * thinkpadPrice) + (ASUSCount * ASUSPrice);
```

第三步,创建列表显示具体电脑信息,并输入库存信息,如示例代码 2-18 所示。

示例代码 2-18

```
System.out.println("-------------------- 电脑库存清单 --------------------");
System.out.println(" 品牌型号    尺寸   价格   库存数 ");
// 列表中部
System.out.println"macBrand+" "+macSize+" "+macPrice+" "+macCount");
System.out.println"thinkpadBrand+" "+thinkpadSize+" "+thinkpadPrice+" "+thinkpadCount");
System.out.println("ASUSBrand+" "+ASUSSize+" "+ASUSPrice+" "+ASUSCount");
// 列表底部
System.out.println("--------------------------------------------------");
System.out.println(" 总库存数:"+totalCount);
System.out.println(" 库存商品总金额:"+totalMoney);
```

第四步:运行此类,结果如图 2-15 所示。

```
------------------电脑库存清单------------------
品牌型号     尺寸   价格   库存数
MacBookAir   13.3  6988.88  10
ThinkpadT450 14.0  5999.99      20
ASUS-FL5800  15.6  4999.5   15
--------------------------------------------
总库存数:45
库存商品总金额:264881.1
```

图 2-15　电脑库存清单

本项目通过对"电脑库存清单"案例的实现,使读者对 Java 的标识符的声明以及编码格式有了初步了解,并详细学习了数据类型以及变量的声明,具备通过 Java 运算符完成表达式的编写运算并输出结果的能力。

salary	薪水	throws	投掷
value	价值	price	价格
public	公共的	ExcepTest	例外
private	私有的	println	打印品

一、选择题

1. 下列 Java 编码规则不正确的是（　　）。
   A. Java 编程不在意大小写　　　　　　　　B. 为类起名时,首字母需要大写
   C. Main 方法为运行主方法　　　　　　　　D. 每一句语句的结束需要以分号结束
2. 下列标识符的定义错误的是（　　）。
   A. Age　　　　　　B. $salary　　　　　　C. _value　　　　　　D. 1_value
3.. 下列关键字表示最终不可修改的是（　　）。
   A. final　　　　　　B. static　　　　　　C. class　　　　　　D. public
4. 下列关于数据转换类型正确的是（　　）。
   A. byte → short → int → long → float → double
   B. byte → int → short → long → float → double
   C. byte → short → int → float → double
   D. byte → short → int → long → double → float
5. 下列表示私有的关键词是（　　）。
   A. Public　　　　　　B. Private　　　　　　C. Default　　　　　　D. Abstract

二、填空题

1. Java 语言提供了四大数据类型分类,分别是 _____、_____、字符类型以及布尔类型。
2. Java 是一门 _____ 语言,需要在编译之前把所有变量和常量的数据类型确定。
3. 根据浮点数所表示数的精度可以将其分为 _____ 和 _____。
4. Java 提供了六种运算符,分别是 _____、_____、_____、逻辑运算符、位运算符和条件运算符。
5. Java 的控制台输入由 _____ 完成。

项目三　结构控制语句

通过"使用多种循环语句来实现用户登录验证"案例和"猜数游戏"案例,了解结构控制语句类别,熟悉选择结构语句的使用方法,掌握循环结构语句的使用方法,具备熟练使用循环语句及循环嵌套的能力。在任务实现过程中:

● 了解结构控制语句的分类及其作用;
● 熟悉选择结构语句的使用;
● 掌握循环结构语句的使用;
● 具有使用循环嵌套的能力。

【情境导入】

程序设计的三种结构为顺序结构、选择(分值)结构、循环结构。每一种结构都有唯一的入口点和出口点,任何简单或者复杂的算法都可以由这三种结构组合而成。本项目通过对结构控制语句的讲解,最终完成"使用多种循环语句实现用户登录验证"案例和"猜数游戏"案例。

【功能描述】

- 创建一个 UserLogin 类对象;
- 使用 if...else 循环实现用户名和密码的判断;
- 使用 do...while 循环实现用户名和密码的判断。

技能点一　顺序结构

程序中各操作按照它们在源代码中语句的排列顺序依次执行的代码块结构称为顺序结构,顺序结构的执行流程如图 3-1 所示。

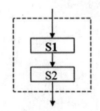

图 3-1　顺序结构流程图

顺序结构中包含的语句也称语句块或者程序块(Block),它们在顺序结构中最为常用。程序块使用"{}"包裹,它可以嵌套,在嵌套过程中需要注意变量的作用域。

技能点二 选择结构

一般情况下,程序是按照语句的先后顺序依次执行的,但在实际应用中,往往会出现选择执行问题。例如计算一个数的绝对值,若该数是一个正数(>=0),其绝对值就是本身;否则取该数的负值(负负得正),这时就需要根据条件来确定需要执行的操作。类似这种情况的处理,要使用选择结构。Java 中的选择结构有 if 语句和 switch 语句,其中 if 语句有三种不同形式。Java 中选择结构包含的语句如图 3-2 所示。

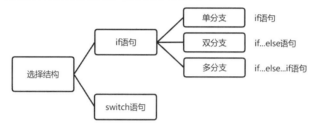

图 3-2 选择结构包含的语句

1. if 语句

if 语句也叫单分支语句,它是选择结构语句中最简单的语句。语法格式如下。

```
if( 表达式 ) {
    语句块 ;
}
```

其中"表达式"条件可以是任何一个表达式,若"表达式"的结果为"真"则执行大括号包裹的语句块,否则不执行。 if 语句的执行流程如图 3-3 所示。

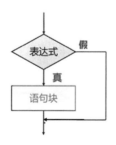

图 3-3 if 语句的执行流程图

例:编写一个测试类,判断一个整数是否为正数,如果是,则显示 yes,如果不是,则什么都不显示,如示例代码 3-1 所示。

示例代码 3-1

package test;
import java.io.*;

```
public class test {
    public static void main(String args[]) throws IOException {
        int a = 1;
        if(a>0) { // 当 a 大于 0 时执行输出语句块中的代码
            System.out.print("yes");
        }
    }
}
```

在控制台中输出的结果如图 3-4 所示。

```
Problems  @ Javadoc  Declaration  Console ⊠
<terminated> test [Java Application] D:\Java\bin\javaw.e
yes
```

图 3-4　判断条件结果输出内容

2. if...else 语句

当程序中需要对一个条件的两种不同结果进行判断从而执行不同的代码时，就需要使用 if...else 语句了。if...else 语句也叫双分支语句，它的语法格式如下所示。

```
if( 表达式 ){
    语句块 1;
} else {
    语句块 2;
}
```

当"表达式"的结果为"真"，则执行"语句块 1"；当"表达式"的结果为"假"，则执行"语句块 2"。if...else 的执行流程如图 3-5 所示。

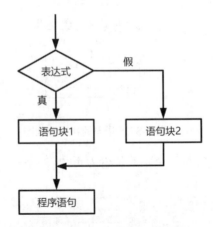

图 3-5　if...else 语句的执行流程图

例：定义一个变量 x，并赋初值为 30。使用 if...else 判断变量的大小，如果变量 x<20，输出"x<20"，否则输出"x>20"，如示例代码 3-2 所示。

示例代码 3-2
```
package test;

import java.io.*;
public class test {
    public static void main(String args[]) throws IOException {
        int x = 30;

        if( x < 20 ){ // 当 x 小于 20 时，执行下面的代码
           System.out.print("x<20");
        }else{ // 当 x 大于 20 时，执行下面的代码
           System.out.print("x>20");
        }
    }
}
```

在控制台中输出的结果如图 3-6 所示。

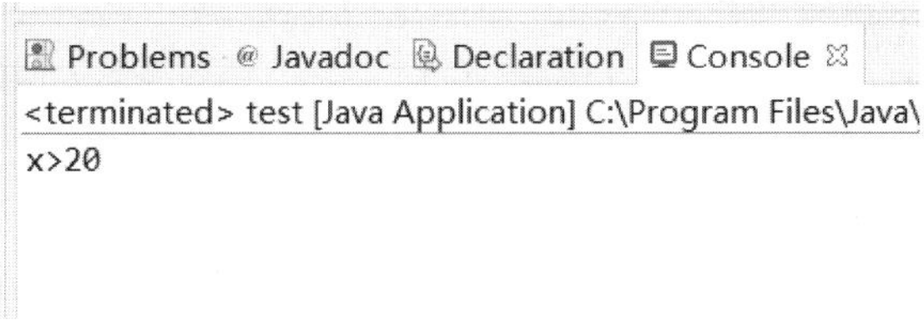

图 3-6　判断结果

3. if...else...if 语句

if...else...if 语句也叫多分支语句，它是一种多者择一的多分支结构，它利用多个条件选择执行不同的语句，得到不同的结果。if...else...if 语句主要适用于表达式是一个范围的情况。语法格式如下。

```
if( 表达式 1){
   语句块 1；
} else if( 表达式 2){
   语句块 2；
}else{
   语句块 n；
}
```

当其中任意一个表达式的值为"true"时，执行相对应的语句块，否则执行"else"的语句块。多分支语句中可以有多个"else if"语句，但是只能有一个"else"语句，且"else if"语句必

须在 else 语句之前。if...else...if 语句的执行流程如图 3-7 所示。

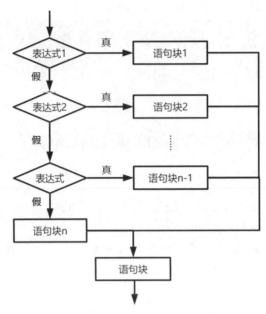

图 3-7　if...else...if 语句的执行流程图

例：对 x 的值进行判断，当 x 小于等于 10 时输出"x 小于等于 10"，当 x 小于等于 20 时输出"x 小于等于 20"，当 x 小于等于 30 时输出"x 小于等于 30"，若都不符合，则输出"x 大于 30"，如示例代码 3-3 所示。

示例代码 3-3

```java
package test;

import java.io.*;
public class test {
    public static void main(String args[]) throws IOException {
        int x = 30;
        if( x <= 10 ){ // 当 x 小于等于 10 时执行下面的语句
            System.out.print("x 小于等于 10");
        }else if( x <= 20 ){ // 当 x 小于等于 20 时执行下面的语句
            System.out.print("x 小于等于 20");
        }else if( x <= 30 ){ // 当 x 小于等于 30 时执行下面的语句
            System.out.print("x 小于等于 30");
        }else{ // 当以上所有 else if 的条件都不满足时执行下面的语句
            System.out.print("x 大于 30");
        }
```

```
        }
    }
```

在控制台中输出的结果如图 3-8 所示。

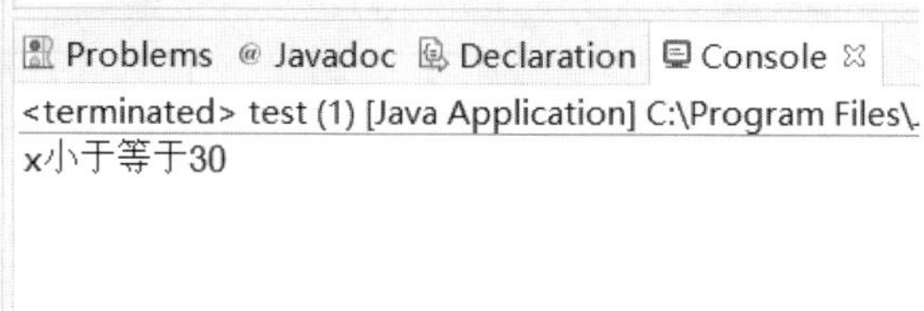

```
Problems  @ Javadoc  Declaration  Console
<terminated> test (1) [Java Application] C:\Program Files\
x小于等于30
```

图 3-8 当 x 的值为 30 时的结果

4. switch...case 语句

switch...case 语句和 if 语句相似，并且也是选择结构语句中较为常见的一种语句。switch 语句是 Java 中处理多路选择问题的一种更直观和有效的手段，在测试某个表达式是否与一组常量表达式中的某一值配对时，switch 语句更为方便。switch...case 语句的语法格式如下。

```
switch ( 表达式 ) {
    case 常量表达式 : 语句块 1;
        break;
    case 常量表达式 : 语句块 2;
        break;
    case 常量表达式 : 语句块 3;
        break;
    default: 最后语句 n;
}
```

switch 语句中每一种情况（case）的意义是当表达式的值和常量表达式值相等的时候，就会执行后面的 case 语句块。使用 break 关键字可以让这个判断结束，如果不加 break 关键字的话，就会在执行了一个 case 语句块之后，继续执行后面所有的 case 语句块。default 关键字用于指定表达式不匹配以上的任何一个常量表达式的时候执行的代码（类似 else）。switch...case 语句的执行流程如图 3-9 所示。

例：根据每位嘉宾的座位号来进行抽奖游戏，不同的号码决定了奖项的大小。当座位号为 99 时获得一等奖，当座位号为 66 时获得二等奖，其他座位不得奖，如示例代码 3-4 所示。

在控制台中输出的结果如图 3-10 至图 3-12 所示。

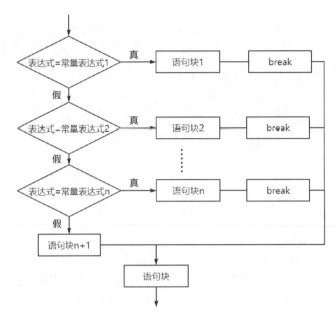

图 3-9 switch...case 语句流程

示例代码 3-4

```java
package test;
import java.io.*;
import java.util.Scanner;
public class test {
    public static void main(String args[]) throws IOException {
        Scanner sc = new Scanner(System.in);
        int num = sc.nextInt();
        switch (num) {
        case 99: // 当 switch 的括号中的变量 num 等于 99 时执行下面的代码
            System.out.println(" 获得了一等奖！ ");
            break; // 执行完毕后通过 break 关键字跳出判断
        case 66: // 当 switch 的括号中的变量 num 等于 66 时执行下面的代码
            System.out.println(" 获得了二等奖！ ");
            break;
        default:// 当以上条件都不满足时执行下面的代码
            System.out.println(" 谢谢参与！ ");
            break;
        }
    }
}
```

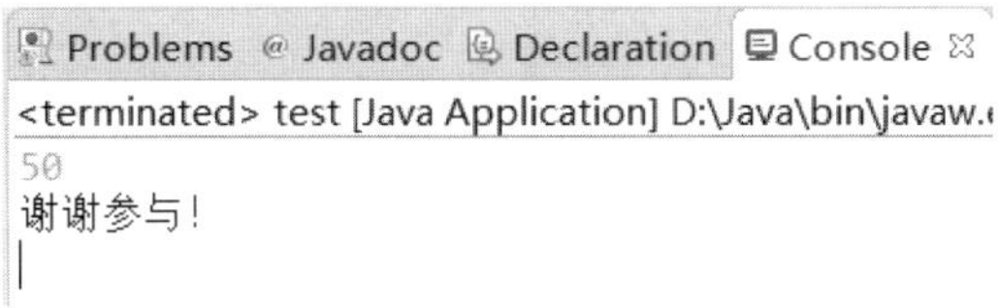

图 3-10　未中奖

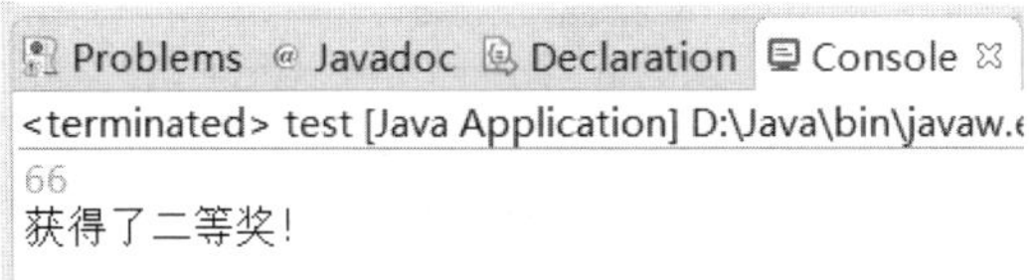

图 3-11　获得二等奖

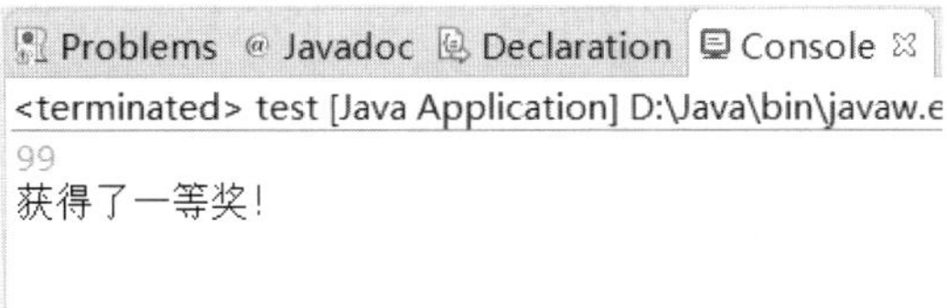

图 3-12　获得一等奖

技能点三　循环结构

顺序结构与选择结构都只能执行语句块一次，如果需要执行同一个语句块多次则需要使用循环结构。循环结构根据一定的条件可以对问题或问题的部分进行反复处理，直到不满足条件结束循环。使用循环结构的程序可以更有效地利用计算机。目前，Java 支持三种循环语句，包括 while 循环语句、do...while 循环语句和 for 循环语句。

1.while 循环语句

while 循环语句是最基本的循环结构语句，它常用于处理不确定循环次数的循环结构，它的语法结构如下所示。

```
while( 循环条件 ){
    循环体 ;
}
```

其中循环条件是一个逻辑表达式，循环体则是一条语句或是多条语句。当逻辑表达式的值为"true"时，则执行循环体中的语句块，否则跳过循环体执行下面的代码。while 循环语句的执行流程如图 3-13 所示。

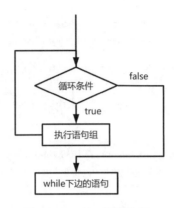

图 3-13 while 循环流程

例：定义 i、n 变量并赋初值 1。使用 while 语句计算 10 的阶乘，并输出结果，如示例代码 3-5 所示。

示例代码 3-5
```java
package test;

import java.io.*;
import java.util.Scanner;
public class test {
    public static void main(String args[]) throws IOException {
        int i = 1;
        int n = 1;
        while(i <= 10) {
            n=n*i;
            i++;
        }
        System.out.println("10 的阶乘结果为：" + n);
    }
}
```

在控制台中输出的结果如图 3-14 所示。

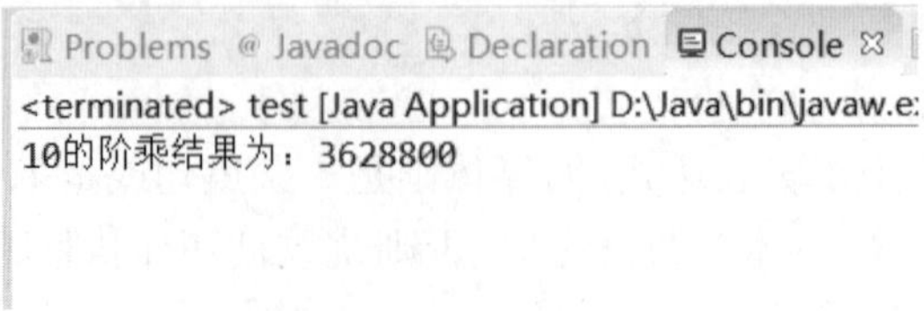

```
Problems  @ Javadoc  Declaration  Console
<terminated> test [Java Application] D:\Java\bin\javaw.e
10的阶乘结果为：3628800
```

图 3-14 通过 while 输出 10 的阶乘

2. do...while 循环语句

相比于 while 循环语句，do...while 循环语句在运行时，会无视判断条件先执行一遍循体，再根据条件确定是否能再次执行循环体。语法结构如下所示。

```
do{
    循环体;
}while( 条件表达式 );
```

do...while 循环流程如图 3-15 所示。

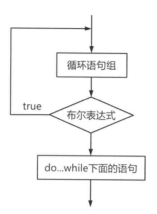

图 3-15　do...while 循环流程

例：定义 i、n 变量，并赋初值为 1，再使用 do...while 语句计算 10 的阶乘，并输出结果，如示例代码 3-6 所示。

示例代码 3-6

```java
package test;

import java.io.*;
import java.util.Scanner;
public class test {
    public static void main(String args[]) throws IOException {
        int i = 1;
        int n = 1;
        do {
            n*=i;
            i++;
        }while(i <= 10);
        System.out.print("10 的阶乘结果为:"+n);

    }
}
```

在控制台中输出的结果如图 3-16 所示。

```
Problems  @ Javadoc  Declaration  Console
<terminated> test [Java Application] D:\Java\bin\javaw.ex
10的阶乘结果为：3628800
```

图 3-16　用 do...while 输出 10 的阶乘

3. for 循环语句

for 循环语句是最常用的一种循环语句，相比于 while 和 do...while，更加方便简洁，可读性强，大部分的循环结构都可以使用 for 循环语句。语法结构如下所示。

```
for( 表达式 1; 表达式 2; 表达式 3){
    循环体;
}
```

for 循环语句包含内容的解释如表 3-1 所示。

表 3-1　for 循环语句的语义

表达式	形式	功能	举例
表达式 1	赋值语句	循环结构的初始部分，定义和初始化循环变量	int i=1;
表达式 2	条件语句	循环结构的循环条件	i<=10;
表达式 3	迭代语句，通常使用 ++ 或 -- 运算符，末尾无";"	循环结构的迭代部分，通常用来修改循环变量的值	i++

在执行 for 循环语句时，先执行"表达式 1"部分，这部分只会被执行一次，接下来计算作为循环条件的"表达式 2"，如果为"true"，就执行循环体，接着执行"表达式 3"，然后再计算作为循环条件的"表达式 2"，如此反复，直到"表达式 2"的结果为"false"后结束循环。for 循环语句的执行流程如图 3-17 所示。

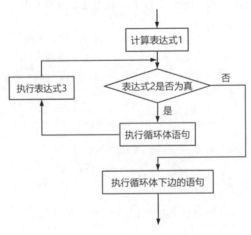

图 3-17　for 循环语句执行流程

例：定义常量 n，使用 for 循环语句计算 10 的阶乘，并输出结果，如示例代码 3-7 所示。

示例代码 3-7

```java
package test;

import java.io.*;
import java.util.Scanner;
public class test {
    public static void main(String args[]) throws IOException {
        int n = 1;
        for (int i = 1; i <= 10; i++){
            n *= i;
        }
        System.out.print("10 的阶乘结果为：" + n);
        // 输出"10 的阶乘结果为：3628800"
    }
}
```

在控制台中输出的结果如图 3-18 所示。

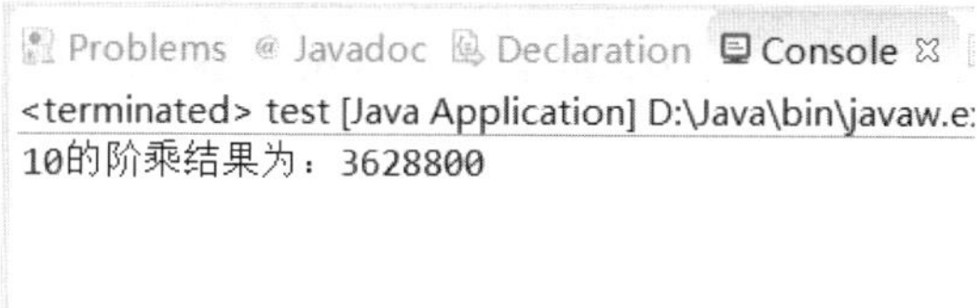

图 3-18 使用 for 语句输出 10 的阶乘

4. break 关键字

break 关键字用于结束循环并跳出循环体，不管是哪种循环，一旦在循环体中遇到 break，系统将完全结束该循环，并继续执行循环之后的代码。

例：当变量等于某个特定值时，退出整个循环，如示例代码 3-8 所示。

示例代码 3-8

```java
public class ExcepTest {
    public static void main(String args[]) {
        int [] numbers = {10, 20, 30, 40, 50};

        for(int x : numbers ) {
            // x 等于 30 时跳出循环
            if( x == 30 ) {
                break;
            }
```

```
            System.out.print( x );
        }
    }
}
```

在控制台中输出的结果如图 3-19 所示。

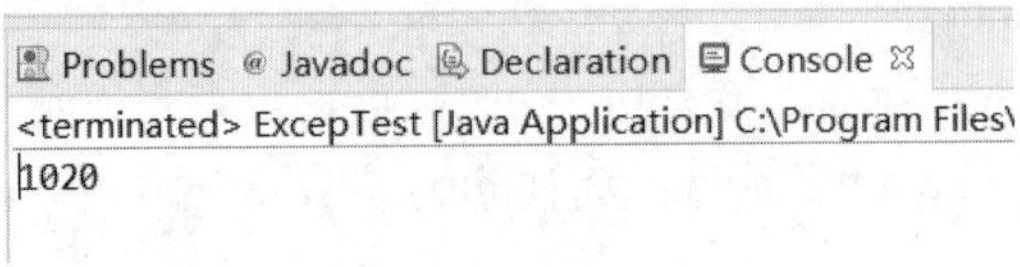

```
Problems  @ Javadoc  Declaration  Console
<terminated> ExcepTest [Java Application] C:\Program Files\
1020
```

图 3-19　中断循环后输出的结果

5. continue 关键字

continue 关键字用于在循环中终止当前这一轮的循环,并跳过本轮循环体中的剩余语句,直接进入循环的下一轮判断。

例:当变量 x 等于特定值 30 时,跳过输出"30"的那一次循环,如示例代码 3-9 所示。

示例代码 3-9

```
public class ExcepTest {
    public static void main(String args[]) {
        int [] numbers = {10, 20, 30, 40, 50};

        for(int x : numbers ) {
            if( x == 30 ) {
                continue;
                // 跳过 x 等于 30 的那一次循环
            }
            System.out.print( x );
        }
    }
}
```

在控制台中输出的结果如图 3-20 所示。

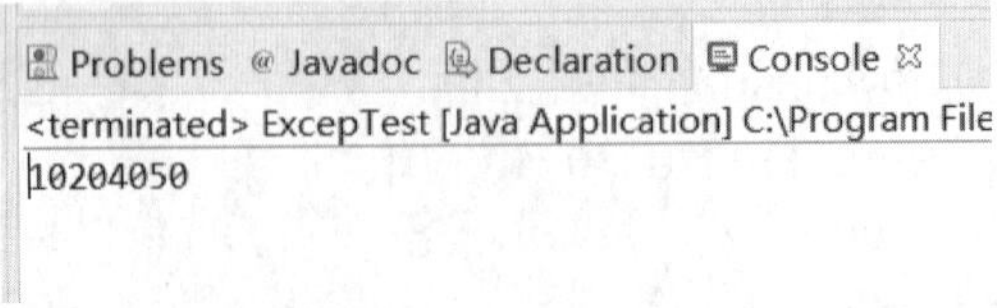

```
Problems  @ Javadoc  Declaration  Console
<terminated> ExcepTest [Java Application] C:\Program File
10204050
```

图 3-20　跳过 x=30 时的循环

课程思政:挑战自我,精益求精

Java 中结构控制语句是经常使用的知识之一,依据循环控制语句可以实现对数据的筛选和判断,任何简单或者复杂的算法都可以通过结构控制语句组合完成,只有依据这些定好的规则和结构才能完成想要完成的功能需求,同学们在生活学习中也是如此,应当根据现有的标准不断升级改造,不断挑战自我。作为软件开发人员要精益求精,不能满足于现状,要为祖国美好的未来而努力奋斗。

任务一

本案例使用不同的循环语句实现用户登录程序,如果登录成功,则显示登录成功,否则显示登录失败的提示信息。

第一步,创建一个 UserLogin 类,用来执行用户登录程序。

1)打开 Eclipse,单击"File"选项,选择"New",在弹出的窗口中选择"Java Project",如图 3-21 所示。

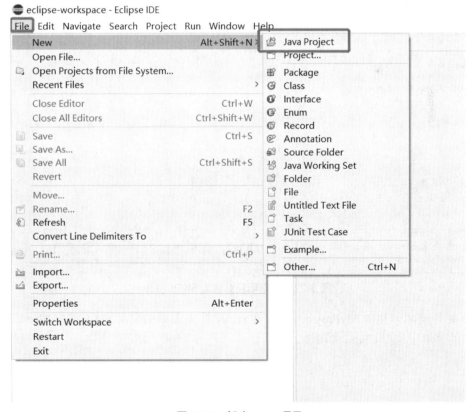

图 3-21 新建 Java 项目

2）在新的窗口"New Java Project"中的"Project Name"文本框中输入项目名称为"MyProject"，其余选项则保持默认即可，单击"Finish"按钮完成项目的创建，如图3-22所示。

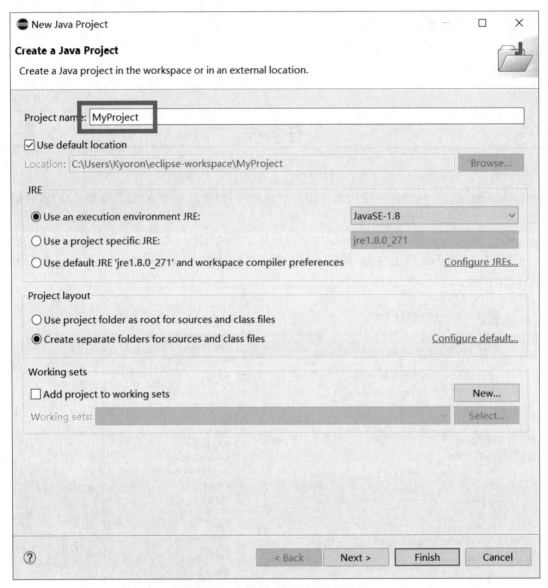

图3-22　给新项目命名为MyProject

3）展开刚刚创建的MyProject目录，在src文件夹上单击鼠标右键，选择"New"选项，在弹出的菜单中选择Class，如图3-23所示。

项目三　结构控制语句

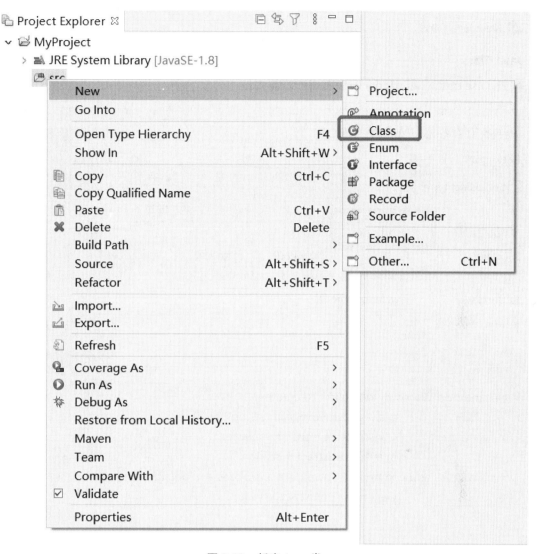

图 3-23　新建 Java 类

4）在弹出的"New Java Class"窗口中的"Name"文本框中输入 UserLogin，单击"Finish"按钮完成 UserLogin 类的创建，如图 3-24 所示。

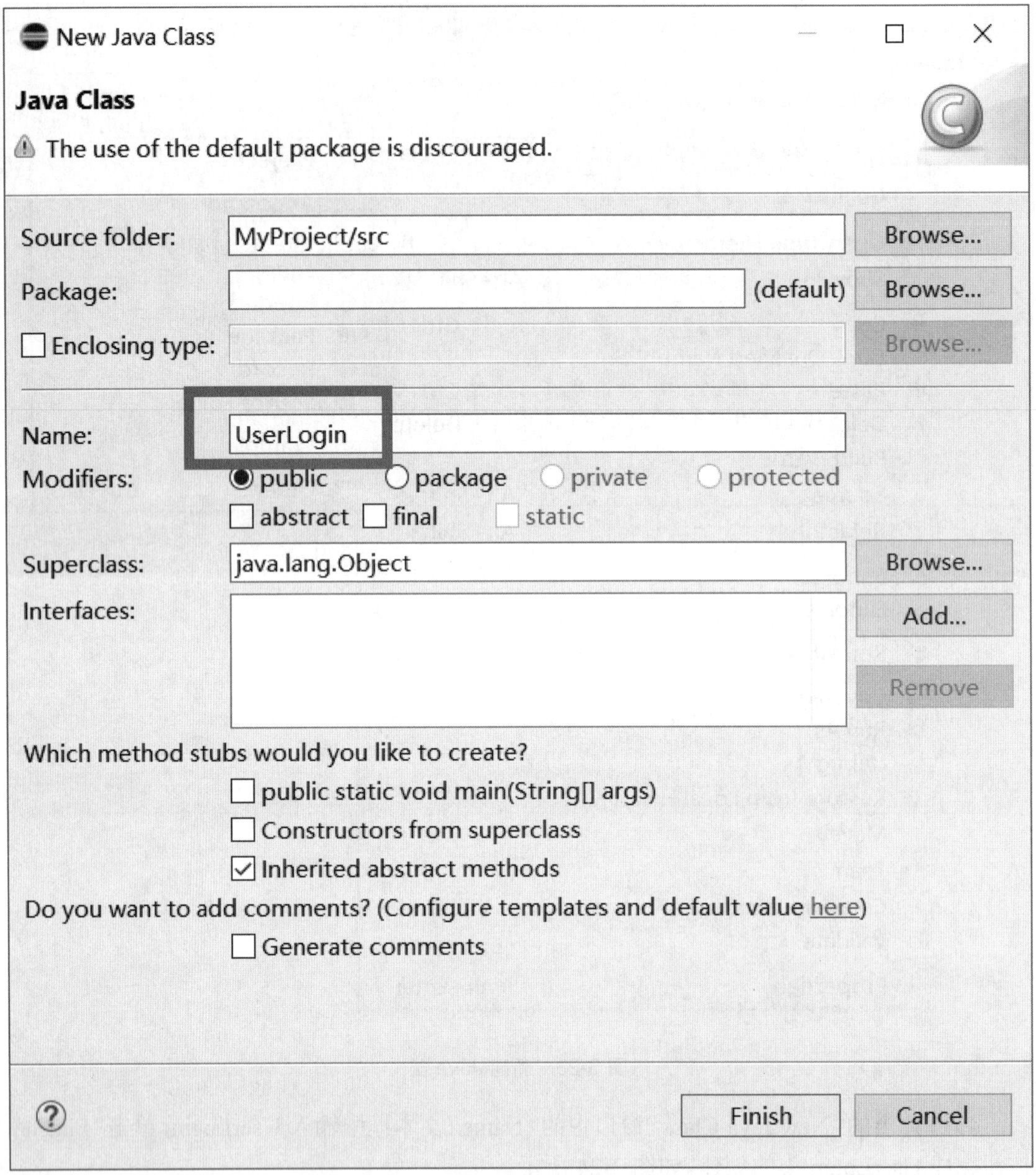

图 3-24 给新建的类命名为 UserLogin

第二步,使用 if...else 实现用户名和密码的判断。
1)获取用户输入的用户名和密码,如示例代码 3-10 所示。

示例代码 3-10

String username=javax.swing.JOptionPane.showInputDialog(null," 输入用户名:");
String password=javax.swing.JOptionPane.showInputDialog(null," 输入密码:");

2)使用 if...else 嵌套来判断是否可以登录,如示例代码 3-11 所示。

示例代码 3-11

```
if(!("".equals(username))&&!("".equals(password))){
    if("scott".equals(username) && "123456".equals(password)){
        javax.swing.JOptionPane.showMessageDialog(null," 登录成功！");
        }else{
        javax.swing.JOptionPane.showMessageDialog(null," 用户名或密码错误！");
        }
        }else{
    javax.swing.JOptionPane.showMessageDialog(null," 用户名或密码不能为空！");
    }
}
```

第三步，使用 do..while 实现用户名和密码的判断，如示例代码 3-12 所示。

示例代码 3-12

```
String username=null;
String password=null;
// 第一步：首先获取用户输入的用户名和密码
do{
    username=javax.swing.JOptionPane.showInputDialog(null," 输入用户名：");
    password=javax.swing.JOptionPane.showInputDialog(null," 输入密码：");
    // 第二步：通过流程控制语句，进行登录的判断
    if("scott".equals(username) && "123456".equals(password)){
        javax.swing.JOptionPane.showMessageDialog(null," 登录成功！");
        }else{
        javax.swing.JOptionPane.showMessageDialog(null," 用户名或密码错误！");
        }
    }while(!("scott".equals(username))||!("123456".equals(password)));
```

第四步，运行代码。

1）当输入的数据正确时，结果如图 3-25 至图 3-27 所示。

图 3-25 输入正确的用户名 scott

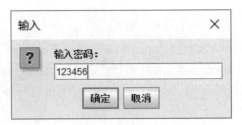

图 3-26　输入正确的密码 123456

图 3-27　弹出登录成功提示框

2）当输入的数据错误时，结果如图 3-28 至图 3-30 所示。

图 3-28　输入错误的用户名为 username

图 3-29　输入错误的密码为 123456789

图 3-30　弹出登录失败提示框

任务二

本任务将通过实现一个"猜数游戏"案例来巩固 Java 循环语句和分支语句的使用,具体操作步骤如下。

第一步,在 Eclipse 中创建 Test 类,声明 main 主方法,在 main 主方法中定义 0~100 之间的随机数的创建,并通过 Scanner 命令获取用户输入值,如示例代码如 3-13 所示。

示例代码 3-13

```java
import java.util.Random;
import java.util.Scanner;
public class Test {
    public static void main(String[] args) {
        // 利用 Random 随机产生出随机数
        Random ram = new Random();
        int ran1 = ram.nextInt(100)+1;
        // 提示用户输入数字
        System.out.println(" 游戏开始 ");
        // 获取键盘权限,让用户输入数字
        Scanner sc = new Scanner(System.in);
    }
}
```

第二步,在 Scanner 命令下方,通过 while 循环以及 if 判断语句判断用户输入值是否与随机数相符。若用户输入值大于随机数,返回"您猜大了";若用户输入值小于随机数,返回"您猜小了";若用户输入值等于随机数,返回"恭喜您猜中了",如示例代码 3-14 所示。

示例代码 3-14

```java
while (true){
    System.out.println(" 请输入 1~100 的数字 ");
    // 获取键盘输入
    int numbet = sc.nextInt();
    if (numbet>ran1){
        System.out.println(" 您猜大了 ");
    }else if (numbet<ran1){
        System.out.println(" 您猜小了 ");
    }else {
```

```
            System.out.println(" 恭喜您猜中了 ");
            break;
        }
    }
```

第三步，运行此程序，结果如图 3-31 所示。

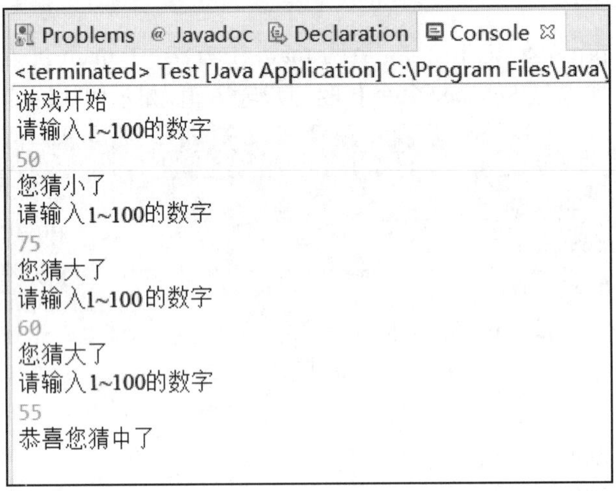

图 3-31 猜数游戏

本项目通过对顺序结构、选择结构和循环结构的讲解，使读者了解结构控制语句类别，熟悉选择结构语句和循环结构语句的使用，了解并掌握终止语句和跳转语句，具备使用循环语句实现用户登录验证的能力。

switch	转变	else	其他的
case	事例	break	终止
default	默认	while	当…的时候
for	对于	continue	持续

一、选择题

1. 程序块使用（　　）包裹。
A. {}　　　　　　　　B. ()　　　　　　　　C. []　　　　　　　　D. ""

2. Java 支持（　　）种循环语句。
A. 1　　　　　　　　B. 2　　　　　　　　C. 3　　　　　　　　D. 4

3. if...else...if 语句也叫（　　）。
A. 分支语句　　　　B. 单分支语句　　　C. 双分支语句　　　D. 多分支语句

4. for 循环语句中包含（　　）个表达式。
A. 1　　　　　　　　B. 2　　　　　　　　C. 3　　　　　　　　D. 4

5. 下列用于实现跳转的语句是（　　）。
A. break　　　　　　B. continue　　　　　C. default　　　　　D. case

二、填空题

1. 程序中的各操作按照它们在源代码中语句的排列顺序依次执行的代码块结构叫_____。

2. 在 Java 中的选择结构有_____语句和_____语句。

3. if 语句也叫_____，它是选择结构语句中是最常用的语句。

4. 相比于 while 循环语句，do...while 循环语句在运行时会_____，再根据条件确定是否能再次执行循环体。

5. break 用于_____循环体。

项目四　数组与字符串

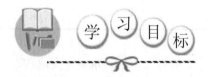

通过本项目"求取班级成绩中最高分数、最低分数以及平均分"案例的实现，了解数组的创建，熟悉 String 类和 StringBuffer 类，掌握字符串的一些常用方法，具有使用数组和方法解决相关问题的能力。在任务实现过程中：

- 了解一维数组的创建方式；
- 熟悉一维数组的分配空间和使用方法；
- 掌握字符串常量对象的创建与使用；
- 具有使用数组解决实际问题的能力。

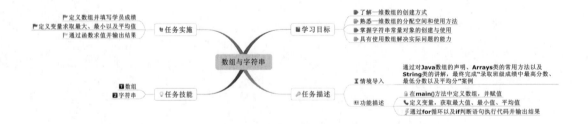

【情境导入】

数组是用于存储大量数据的数据结构。数组中的每个元素都必须具有相同的数据类型,且可以用数组名和下标来唯一地确定其中的元素。数组是有序数据的集合。在 Java 语言中,提供了一维数组和多维数组供程序员使用。本项目通过对 Java 数组的声明、Arrays 类的常用方法以及 String 类的讲解,最终完成"求取班级成绩中最高分数、最低分数以及平均分"案例。

课程思政:打牢基础,提高自我

古人云:"学如弓弩,才如箭镞",含义是学问的根基就好比弓弩,才能就好比是箭头,只要依靠厚实的见识来引导就可以让才能更好地发挥作用,在 Java 中数组、字符串等都是基础中的基础,只有打牢这些基础才能在日后的开发任务中得心应手。

只有不断地提高自身的基础实力,才能在未来达到更高的高度,作为开发人员也是一样,需要不断学习了解最新技术,不断提升自我,才能不断提升竞争力,实现自我价值。

【功能描述】

- 在 main 方法中定义数组,并赋值;
- 定义变量,获取最大值、最小值、平均值;
- 通过 for 循环以及 if 判断语句执行代码并输出结果。

技能点一 数组

数组是用于存储数据的集合,数组内的数据(元素)通过由 0 开始的下标进行排序,并且数组属于引用数据类型。数组按照维度或元素数据类型分类,按维度划分可以分为一维数组、二维数组,多维数组等。下面主要介绍一维数组和二维数组。

1. 一维数组

当需要处理大量数据类型相同的数据时，变量就显得比较烦琐了，此时就需要使用一维数组来让数据组成一个大的集合。仅有一个下标的数组称为一维数组，它实质上是一组相同类型数据的线性集合，是数组中最简单的一种。自定义一个一维数组的语法规则如下所示。

如果在预编译阶段，数组的长度不能预先知道，而是在程序运行时给出，由于静态数组定义必须知道长度，所以此时需要使用动态数组。动态创建的数组，需要自行释放空间，效率较低。静态创建的数组，不需要自行释放空间，效率高，但空间有限。一维数组在内存中的存放方式如图4-1所示。

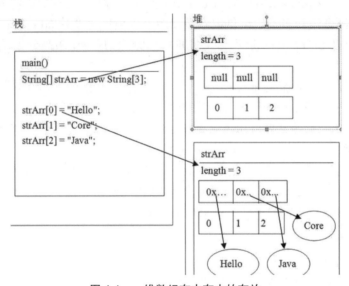

图 4-1　一维数组在内存中的存放

动态创建数组时，应声明并创建内存空间，等待赋值。语法格式如下所示。

> dataType[] name;
> name = new dataType[length];

如上所示，还有一种动态创建数组的方式。语法格式如下所示。

> dataType[] name = new dataType[length];

静态创建的数组在创建的同时即给定数组元素，语法格式如下所示。

> dataType[] name = { initialValue1, initialValue2, initialValue3, ... };

其中，"dataType"表示该数组的数据类型。"name"表示为一个自定义的数组名。"length"为一个常量，用来表示数组的长度，数组的最大下标即为"length-1"。"initialValue"则表示为数组的初值，其索引号也从0开始。

（1）获取数组中单个元素值的方式

获取数组中单个元素值的方法非常简单，如要获取数组中第一个元素，使用数组名称并指定其元素所在的索引号0即可。它的语法格式如下所示。

arrayName[0];
// 获取了 arrayName 的索引号为 0 的元素（数组索引号从 0 开始）

例：声明一个长度为 3 的一维数组 a，输出 a 数组中索引号为 2 的元素的值，如示例代码 4-1 所示。

示例代码 4-1

```java
public class ExcepTest {
    public static void main(String args[]) {
        int a[] = {1,3,5};
        System.out.print(a[2]);
    }
}
```

在控制台中输出的结果如图 4-2 所示。

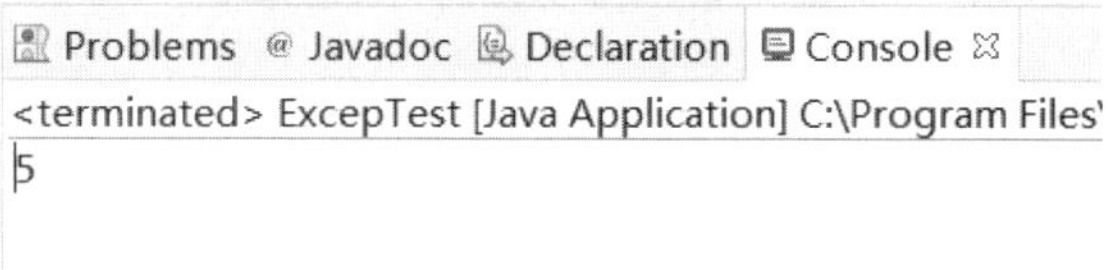

图 4-2　索引号为 2 的元素的值

（2）获取数组中全部元素值的方式

如果需要获取数组内的全部元素则需要用循环语句协助。

例：利用 for 循环语句遍历 number 数组中的全部元素，并将元素的值输出，如示例代码 4-2 所示。

示例代码 4-2

```java
int[] number = {1,2,3,5,8};
for (int i=0;i<number.length;i++) {
// 通过数组的 length 属性获取到数组的长度用来做判断条件
    System.out.println(" 第 "+(i+1)+" 个元素的值是:"+number[i]);
// 由于数组索引号是从 0 开始，所以需要给 i+1
}
```

在控制台中输出的结果如图 4-3 所示。

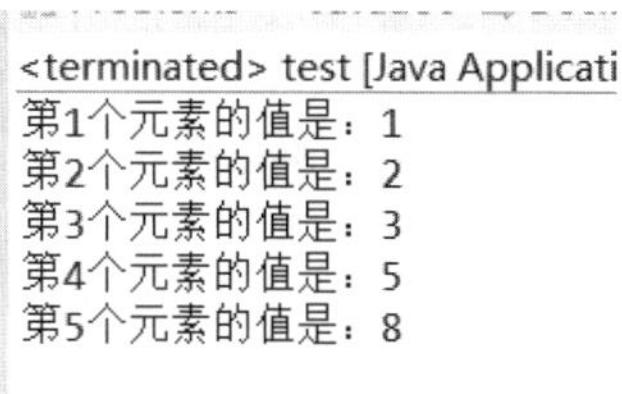

图 4-3　使用循环输出数组内全部元素

2. 二维数组

二维数组中的每个元素都是一个一维数组,不同于一维数组中的每个元素仅包含一个值,二维数组在声明时需要两个下标,第一个下标用来表示二维数组的行数,第二个下标用来表示二维数组的列数。一个二维数组 array 的内存存放如图 4-4 所示。

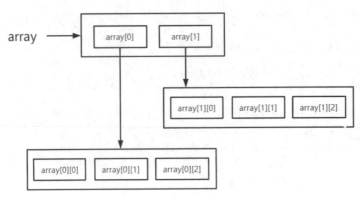

图 4-4 二维数组的内存存放

(1)创建二维数组的方式

在二维数组中,可以把二维数组的每一行看作是一个一维数组,因此可以把二维数组看作是一维数组的数组。动态创建一个二维数组有如下三种格式。

```
数据类型 数组名 [ ][ ] = new 数据类型 [m][n]
数据类型 [ ][ ] 数组名 = new 数据类型 [m][n]
数据类型 [ ] 数组名 [ ] = new 数据类型 [m][n]
// 都同样创建了一个 m 行 n 列的二维数组
```

静态创建二维数组主要用于不规则的二维数组的初始化,语法格式如下所示。

```
数据类型 [ ][ ]  数组名 = {{ 元素 1, 元素 2....},{ 元素 1, 元素 2....},{ 元素 1, 元素 2....}.....};
```

一个二维数组可以看作是一个行列式。

例:创建一个二维数组 a,a 所表示的数组一共有 3 行,每行有 4 个元素,如示例代码 4-3 所示。

示例代码 4-3

```
int[][] array1 = new int[][]{{1,2,3},{4,5,6}};
// 动态创建了一个第一行元素为 1,2,3,第二行元素为 4,5,6 的二维数组
int[][] array2 = new int[3][4];
// 动态创建了一个 3 行 4 列的二维数组
int[][] array3 = new int[3][];
// 动态创建了一个 3 行,列数可变的二维数组
int [ ][ ] array4={{22,15,32,20,18},{12,21,25,19,33},{14,58,34,24,66}};
// 静态创建了一个 3 行 5 列的二维数组
```

二维数组可以通过三种方式来指定其元素的初始值,如表 4-1 所示。

表 4-1　二维数组的初始化方式

语法	解析
type[][] arrayName = new type[][]{ 值 1, 值 2, 值 3,…, 值 n};	在定义时初始化
type[][] arrayName = new type[size1][size2];	给定空间后,再赋值
type[][] arrayName = new type[size][];	数组第二维长度为空,可变化

(2)获取单个二维数组元素的方式

当需要获取二维数组中单个元素的值时,可以使用下标来表示。若需获取二维数组的第二行第二列元素的值,使用应 temp[1][1] 来表示。

例:创建一个 2 行 3 列的二维数组 temp,获取 temp 中索引号为 1 的元素并将该元素的值输出在控制台,如示例代码 4-4 所示。

示例代码 4-4

```
public class ExcepTest {
    public static void main(String args[]) {
        // 创建一个 2 行 3 列的二维数组
        int temp[][] = {{1,2,3},{4,5,6}};
        // 在控制台输出第二行第二列的元素
        System.out.println(temp[1][1]);
    }
}
```

在控制台中输出的结果如图 4-5 所示

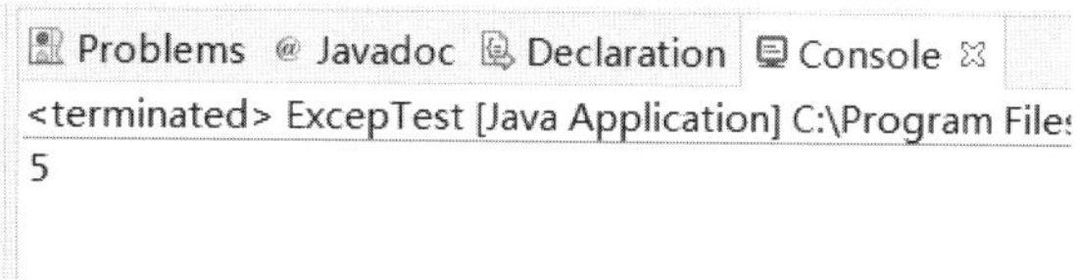

图 4-5　二维数组中第二行第二列的值

(3)获取全部二维数组元素的方式

输出二维数组中的全部元素值需要使用 for 循环嵌套(两层 for 循环)。

例:使用 for 循环语句遍历一个类型为 double 的二维数组 class_score,并输出每一行每一列元素的值,如示例代码 4-5 所示。

示例代码 4-5

```
package test;

import java.io.*;
import java.util.Scanner;
```

```
public class test {
    public static void main(String args[]) throws IOException {
        double[][] class_score = { { 100, 99, 99 }, { 100, 98, 97 }, { 100, 100, 99.5 }, { 99.5, 99, 98.5 } }; // 创建一个二维数组
        for (int i = 0; i < class_score.length; i++) { // 遍历二维数组的行
            for (int j = 0; j < class_score[i].length; j++) {// 遍历二维数组的列
                System.out.println("class_score[" + i + "][" + j + "]=" + class_score[i][j]);
            }
        }
    }
}
```

在控制台中输出的结果如图 4-6 所示。

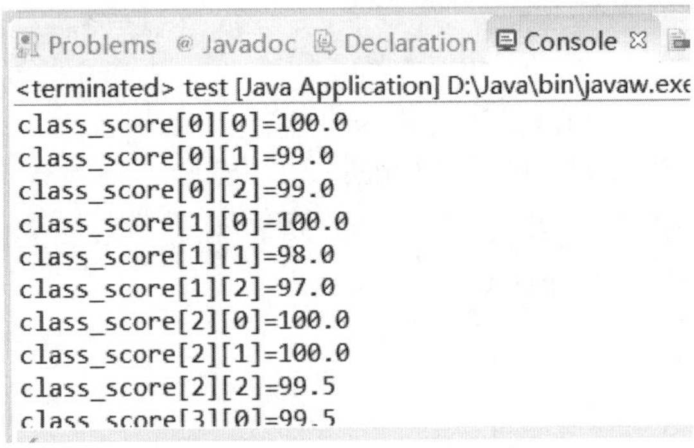

图 4-6 输出二维数组的全部元素

3. 数组的应用

了解了数组的使用方法后,接下来学习数组的一些实际应用。

(1) 二分查找法

二分查找又称折半查找,它比较的次数少,查找的速度快;二分查找法适用于不会变动但是查找频繁的有序数组。

当数组中元素按升序排列时,将数组中间位置元素的值与查找的值比较,如果两者相等,则查找成功;否则利用中间位置将数组分成前、后两个子数组,如果中间位置记录的元素值大于查找值,则进一步查找前一子数组,否则进一步查找后一子数组。重复以上过程,直到找到满足条件的记录即查找成功。直到子数组不存在时,则查找不成功。二分查找法的查找流程如图 4-7 所示。

项目四 数组与字符串

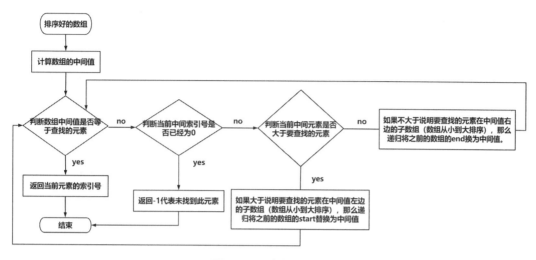

图 4-7 二分查找流程图

例：利用二分查找法，查找索引号在数组中对应的元素值。

第一步，创建一个名为"binarySearch"的类，在 binarySearch 类中创建一个方法名为"binSearch_1"、形参为"int key"和"int[] array"的方法，如示例代码 4-6 所示。

示例代码 4-6

```
public class binarySearch {
    public static void main(String[] args) {
    }
    /*
     * 循环实现二分算法
     */
    public static int binSearch_1(int key, int[] array) {

    }
```

第二步，在 binarySearch_1() 方法中创建三个属性分别赋初值为"low=0"、"high=array.length-1"、"middle=0"，其含义分别为数组的第一个元素索引号、数组的最后一个元素索引号、数组的默认中间索引号，如示例代码 4-7 所示。

示例代码 4-7

```
public static int binSearch_1(int key, int[] array) {
    int low = 0; // 第一个索引号
    int high = array.length - 1;// 最后一个索引号
    int middle = 0; // 用于存储中间值，默认赋值为 0
}
```

第三步，在语句块开始处使用 if 语句，判断传入的"key"值是否为有效值，判断条件为参数"key"是否大于数组最大索引号、小于最小索引号、数组是否有一个以上的元素,当"key"不为有效值时,返回"-1",如示例代码 4-8 所示。

示例代码 4-8

```
if (key < array[low] || key > array[high] || low > high) {
    return -1;
}
```

第四步,使用 while 语句,其判断条件为"low<=high"。将"(low+high)/2"(即数组的中间索引号)赋值给预留的"middle"变量,然后使用 if 语句分别判断"array[middle]"与"key"的关系,当它们相等时,返回数组"array"中索引号为"middle"的值,否则缩小"middle"的值,当查找不到时,返回 -1,如示例代码 4-9 所示。

示例代码 4-9

```
while (low <= high) {
    middle = (low + high) / 2;
    if (array[middle] == key) {
        return middle;
    } else if (array[middle] < key) {
        low = middle + 1;
    } else {
        high = middle - 1;
    }
}
return -1;
```

完整的代码如示例代码 4-10 所示。

示例代码 4-10

```
public class binarySearch {
    public static void main(String[] args) {
        int[] array ={1,2,3,4,5,6,7,8,9};
        System.out.println(binSearch_1(9, array));
        // 查找元素 9 在数组 array 中的索引号
    }
    /*
     *    循环实现二分算法
     */
    public static int binSearch_1(int key, int[] array) {
```

```java
        int low = 0; // 第一个索引号
        int high = array.length - 1;// 最后一个索引号
        int middle = 0;
        // 防越界
        if (key < array[low] || key > array[high] || low > high) {
            return -1;
        }
        while (low <= high) {
            middle = (low + high) / 2;
            if (array[middle] == key) {
                return middle;
            } else if (array[middle] < key) {
                low = middle + 1;
            } else {
                high = middle - 1;
            }
        }
        return -1;
    }
}
```

在控制台中输出的结果如图 4-8 所示。

```
Problems  @ Javadoc  Declaration  Console
<terminated> binarySearch [Java Application] C:\Program
8
```

图 4-8 二分查找法

（2）冒泡排序

冒泡排序是众多排序方法中较为简单且常用的排序方法。该方法反复比较数组中相邻的两个数值，当左边的数值大于右边的数值时，则交换它们的位置，若左边的数值小于右边的数值，则执行下一步，直至将整个数组进行升序排序。由于其排序过程是将大的数一步一步排到数组的末尾，像极了水中的大泡泡最先浮上水面，所以这种排序方法被叫作冒泡排序。冒泡排序的执行过程如图 4-9 所示。

例：利用冒泡排序对数组进行升序排序。

第一步，创建一个"bubbSort"类，在该类中创建一个名为"sort"、参数为"int[] arr"的方法，如示例代码 4-11 所示。

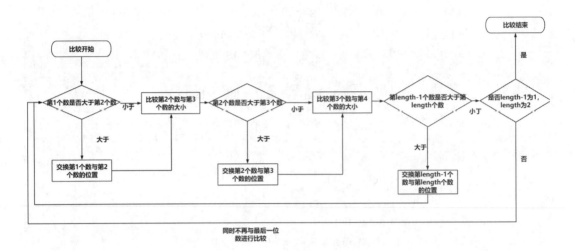

图 4-9　冒泡排序流程图

示例代码 4-11

```
public class bubbSort {
    public static void main(String[] args) {
    }
    public static void sort(int[] arr){
    }
}
```

第二步，在 sort() 方法中创建一个循环嵌套，执行比较大小并交换位置的操作，如示例代码 4-12 所示。

示例代码 4-12

```
        public static void sort(int[] arr){
    for(int i = 0; i < arr.length - 1; i++){
        for(int j = 0; j < arr.length - 1 - i; j++){
    /* 让当前的数字和它后面的数字进行比较，如果当前的数字比后面的数字大，则交换位置。*/
            if(arr[j] > arr[j+1]){
                int temp = arr[j];
                arr[j] = arr[j+1];
                arr[j+1] = temp;
            }
        }
    }
}
```

第三步：在 main() 方法中，预先创建好需要进行排序的数组，先输出原数组元素，后调用自定义的 sort() 方法，再输出排序后的结果，如示例代码 4-13 所示。

示例代码 4-13

```java
public static void main(String[] args) {
    // 定义一个需要排序的数组
    int[] arr = new int[]{1,5,6,0,8,3,9,2,4,7};
    System.out.println(Arrays.toString(arr));
    // 排序
    sort(arr);
    System.out.println(Arrays.toString(arr));
}
```

完整的代码如示例代码 4-14 所示。

示例代码 4-14

```java
import java.util.Arrays;

public class bubbSort {

    public static void main(String[] args) {
        // 定义一个需要排序的数组
        int[] arr = new int[]{1,5,6,0,8,3,9,2,4,7};
        System.out.println(Arrays.toString(arr));
        // 排序
        sort(arr);
        System.out.println(Arrays.toString(arr));
    }
    public static void sort(int[] arr){
        for(int i = 0; i < arr.length - 1; i++){
            for(int j = 0; j < arr.length - 1 - i; j++){
                /* 让当前的数字和它后面的数字进行比较，如果当前的数字比后面的数字大，则交换位置。*/
                if(arr[j] > arr[j+1]){
                    int temp = arr[j];
                    arr[j] = arr[j+1];
                    arr[j+1] = temp;
                }
            }
        }
    }
```

        }
    }

在控制台中输出的结果如图 4-10 所示。

```
Problems  @ Javadoc  Declaration  Console
<terminated> bubbSort [Java Application] C:\Program Files\
[1, 5, 6, 0, 8, 3, 9, 2, 4, 7]
[0, 1, 2, 3, 4, 5, 6, 7, 8, 9]
```

图 4-10　冒泡排序

4. Arrays(数组)类的常用方法

Arrays 类属于工具类，包含操作数组的方法，如排序、比较、转换、搜索等操作。Arrays 类里的方法均为 static 修饰的方法（static 修饰的方法可以直接通过类名调用），即可以直接通过 "Arrays.xxx(xxx)" 的形式调用方法。

（1）Arrays 类的数组比较方法

Arrays 类提供了 equals() 方法来比较整个数组是否相等，使用方法如下。

```
Arrays.equals(arrayA, arrayB);
```

当方法中的参数 arrayA 与 arrayB 相同时则返回 "true"，否则返回 "false"。其中对 equals() 方法参数含义的解释如下所示。

● arrayA：需要进行比较的数组 A。
● arrayB：需要进行比较的数组 B。

例：创建两个数组，数组名分别为 "array1"、"array2"，数组内元素为 "1, 2, 3"、"4, 5, 6"，然后使用 equals() 方法比较 "array1" 与 "array2" 的内容是否相同，将 equals() 方法返回的值赋值给 "same" 变量后在控制台中输出，如示例代码 4-15 所示。

示例代码 4-15

```java
import java.util.Arrays;
// 在使用 Arrays 类时，需要提前引入 Arrays 类
public class UserLogin {
    public static void main(String[] args) {
        int array1[] = {1,2,3};
        int array2[] = {4,5,6};
        // 将 equals 方法返回的结果赋值给布尔型变量 same
        boolean same = Arrays.equals(array1, array2);
        System.out.print(same);
    }
}
```

在控制台中输出的结果如图 4-11 所示。

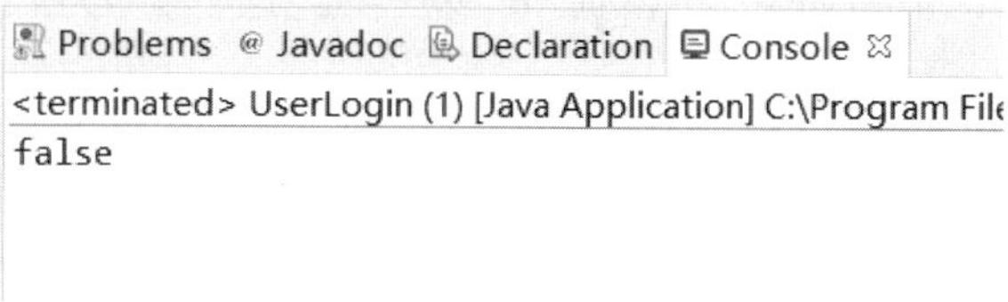

```
Problems  @ Javadoc  Declaration  Console ⊠
<terminated> UserLogin (1) [Java Application] C:\Program File
false
```

图 4-11　equals() 方法

（2）Arrays 类的数组填充方法

fill() 方法可以填充数组，但只能使用同一个数值对数组进行填充，使用方法如下。

> fill(int[] a, int from, int to, int var);

其中对 fill() 方法参数含义的解释如下所示。
- a：数组。
- form：替换开始位置（包括第 form 个）。
- to：替换结束位置（不包括第 to 个）。
- var：要填充或替换的值。

例：创建一个数组，数组名为"array1"，数组内元素为"1, 2, 3, 0, 0, 0"，后使用 fill() 方法对其内容添加三个值为 2 的元素，并使用循环在控制台中输出填充后的"array1"数组。代码如示例代码 4-16 所示。

> 示例代码 4-16
>
> ```java
> import java.util.Arrays;
> // 在使用 Arrays 类时，需要提前引入 Arrays 类
> public class UserLogin {
> public static void main(String[] args) {
>     int array1[] = {1,2,3,0,0,0};
>     // 给 array1 数组预留好三个值为 0 的元素以便使用 fill 方法填充
>     Arrays.fill(array1,3,6,2);
>     for (int i = 0; i < array1.length; i++) {
>         System.out.println(array1[i]);
>     }
> }}
> ```

在控制台中输出的结果如图 4-12 所示。

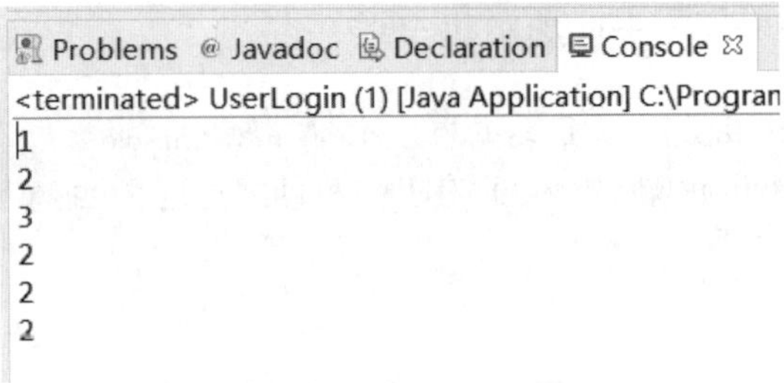

```
Problems  @ Javadoc  Declaration  Console
<terminated> UserLogin (1) [Java Application] C:\Program
1
2
3
2
2
2
```

图 4-12 fill() 方法

（3）Arrays 类的复制数组方法

copyOf() 方法可以将一个数组中的元素在另一个数组中进行复制，使用方法如下。

> Arrays.copyOf(dataType[] srcArray,int length);

Arrays.copyOf() 方法的参数说明如下。

1）srcArray 表示要进行复制的数组；

2）length 表示复制后的新数组的长度。

例：创建一个数组，数组名为"array1"，数组内元素为"1，2，3"，使用 copyOf() 方法对其内容进行复制，复制后的数组名为"array2"，并使用循环在控制台中输出复制后的"array2"数组。代码如示例代码 4-17 所示。

示例代码 4-17

```java
import java.util.Arrays;
// 在使用 Arrays 类时，需要提前引入 Arrays 类
public class UserLogin {
    public static void main(String[] args) {
        int array1[] = {1,2,3};
        int array2[] = Arrays.copyOf(array1, 3); // 直接在初始化的时候使用 copyOf 方法
        for (int i = 0; i < array2.length; i++) {
            System.out.println(array2[i]);
        }
    }
}
```

在控制台中输出的结果如图 4-13 所示。

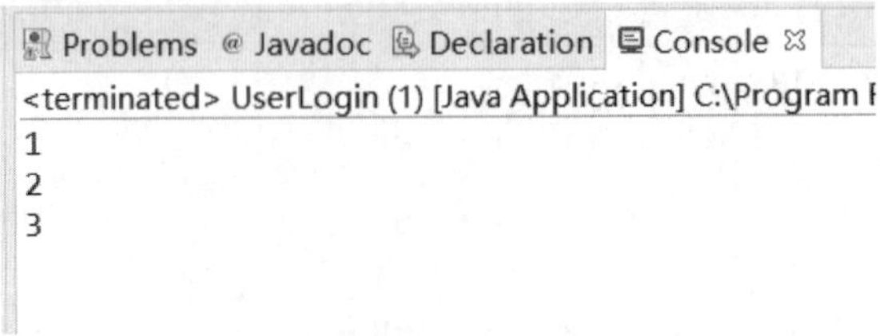

```
Problems  @ Javadoc  Declaration  Console
<terminated> UserLogin (1) [Java Application] C:\Program
1
2
3
```

图 4-13 copyOf() 方法

（4）Arrays 类的升序排序数组方法

sort() 方法会返回数组名为 a 的数组内元素进行升序排序后的结果，使用方法如下。

```
Arrays.sort(Object[] a);
```

Arrays.sort() 方法的参数说明如下。
- srcArray 表示要进行复制的数组。
- length 表示复制后的新数组的长度。

例：使用 Arrays 中的 sort 方法对数组进行实际操作，如示例代码 4-18 所示。

示例代码 4-18

```java
import java.util.Arrays;
// 在使用 Arrays 类时，需要提前引入 Arrays 类
public class Array {
    public static void main(String[] args) {
        int[] array2 = {9, 3, 5, 7, 1};
        Arrays.sort(array2);
        // 使用 sort() 方法将 array2 数组进行升序排序
        System.out.print("sort 升序排序方法：");
        for (int i = 0; i < array2.length; i++) {
            System.out.print(array2[i]);
            // 输出 array2 升序排序后的结果
        }
    }
}
```

在控制台中输出的结果如图 4-14 所示。

```
Problems  @ Javadoc  Declaration  Console
<terminated> Array (1) [Java Application] C:\Program File
sort升序排序方法：13579
```

图 4-14　输出的结果

技能点二　字符串

由于 Java 中没有内置字符串类型，而是创建了一个 String 类供程序员使用，所以 Java 中的字符串是抽象的，因而在使用字符串时，需要用对象来表示。Java 在字符串相关类中提供了丰富的方法，字符串的相关类分别是 String 类、StringBuffer 类、StringTokenizer 类。

1. String 类

String 类是最常用的字符串相关类，它主要的功能是生成字符串对象和对字符串进行各种各样的处理。

（一）String 类的构造方法

String 类提供了九个构造方法，以不同的方式来初始化 String 对象，下面列出 String 类的所有构造方法，如表 4-2 所示。

表 4-2　String 类常用构造方法

构造方法格式	说明
String()	默认构造方法，构造一个空的字符串对象
String(char chars[])	以字符数组 chars 的内容构造一个字符串对象
String(char chars[],int startIndex,int numChars)	以字符数组 chars 中，从 startIndex 位置开始的 numChars 个字符构造一个字符串对象
String(byte[] bytes)	通过使用平台的默认字符集解码指定的 byte 数组，构造一个新的 String
String(byte[] bytes, Charset charset)	通过使用指定的 charset 解码指定的 byte 数组，构造一个新的 String
String(byte[] bytes, int offset, int length)	通过使用平台的默认字符集解码指定的 byte 子数组，构造一个新的 String
String(byte[] bytes, int offset, int length, Charset charset)	通过使用指定的 charset 解码指定的 byte 子数组，构造一个新的 String
String(byte[] bytes, String charsetName)	通过使用指定的 charset 解码指定的 byte 数组，构造一个新的 string
String(StringBuffer buffer)	分配一个新的字符串，它包含字符串缓冲区参数中当前包含的字符序列

在测试类中主要使用表中前三种常用的方法初始化不同的 String 对象，如示例代码 4-19 所示。

示例代码 4-19

```
public class StringTest {
    public static void main(String[] args) {
        // 生成一个空字符串对象
        String str1 = new String();
        // 定义字符数组 chars1
        char chars1[] = { 'A', 'B', 'C', 'D' };
        // 定义字符数组 chars2
        char chars2[] = { 'a', 'b', 'c', 'd' };
        // 用字符数组 chars1 构造对象 s1
        String s1 = new String(chars1);
```

```
            // 用 chars2 的前三个字符构造对象 s2
            String s2 = new String(chars2, 0, 3);

            System.out.println("s1=" + s1 + " , s2=" + s2);
            // 输出的结果应为 s1=ABCD , s2=abc
        }
    }
```

在控制台中输出的结果如图 4-15 所示。

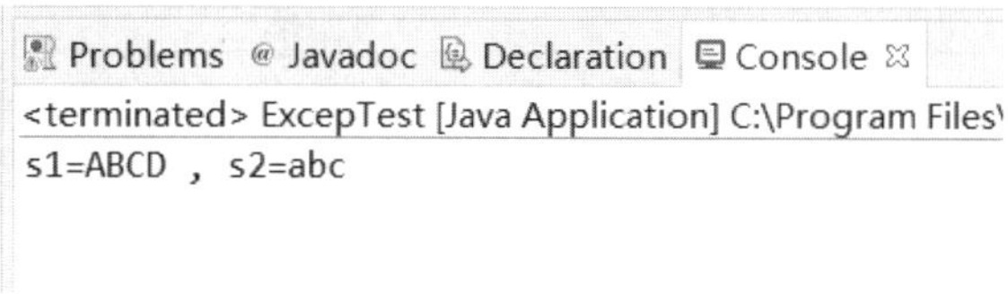

图 4-15　输出字符串的值

(二)String 类的常用方法

在 String 类中大约定义了 50 种方法，这里仅介绍几个最常用的方法。

（1）length() 方法

length() 方法可以将调用该方法的字符串的长度作为返回值返回，使用方法如下所示。

```
    strName.length();
```

例：创建一个名为"str1"的字符串，并使用该字符串调用 length() 方法，将方法返回的 str1 的长度赋值给新的变量"str1Length"，最后在控制台中输出结果，如示例代码 4-20 所示。

示例代码 4-20

```
public class Str {
    public static void main(String[] args) {
        String str1 = "JavaLearning";
        int str1Length = str1.length();
        System.out.println(str1Length);
    }
}
```

在控制台中输出的结果如图 4-16 所示。

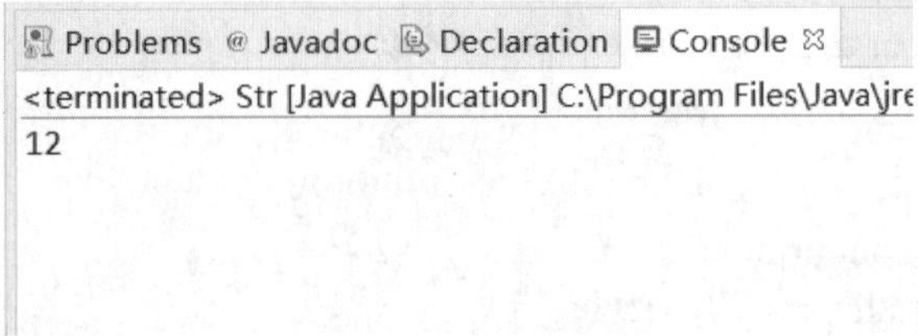

```
  Problems  @ Javadoc  Declaration  Console ✖
<terminated> Str [Java Application] C:\Program Files\Java\jre
12
```

图 4-16　length() 方法

（2）charAt(int index) 方法

charAt() 方法返回指定索引位置的 char 类型值，并作为方法的返回值返回。索引范围为 0~length()-1。使用方法如下所示。

> str1.charAt(index);
> // 返回 str1 中索引号为 index 字符

例：创建一个名为"str1"的字符串，并使用该字符串调用 charAt() 方法，将该字符串中索引号为 2 的字符返回，并将该值赋值给"where"变量，转为 Int 类型在控制台输出，代码如实例代码 4-21 所示。

示例代码 4-21

```java
public class Str {
    public static void main(String[] args) {
        String str1 = "JavaLearning";
        int where = str1.charAt(2);
        System.out.println(where);
    }
}
```

在控制台中输出的结果如图 4-17 所示。

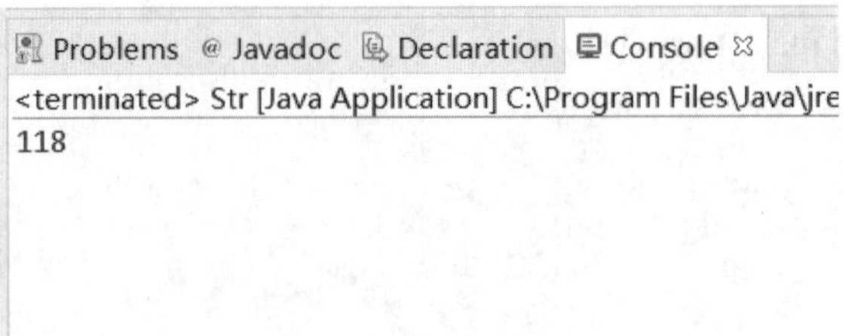

```
  Problems  @ Javadoc  Declaration  Console ✖
<terminated> Str [Java Application] C:\Program Files\Java\jre
118
```

图 4-17　charAt() 方法

（3）indexOf(String str) 方法

indexOf() 方法用于查找当前字符串中的字符或子串，其返回值为子串的首位在字符串中首次出现的位置。若没有出现则返回 -1。使用方法如下所示。

> str1.indexOf(str);
> // 查找 str 字符在 str1 字符串中首次出现的位置

例：创建一个名为"str1"的字符串，并使用该字符串调用 indexOf() 方法，查找"Learn"子串在该字符串中首次出现的位置，再次调用 indexOf() 方法，查找"Game"子串在该字符串中首次出现的位置。将结果分别赋值给变量"result1"和"result2"并在控制台输出，如示例代码 4-22 所示。

示例代码 4-22

```java
public class Str {
    public static void main(String[] args) {
        String str1 = "JavaLearning";
        int result1 = str1.indexOf("Learn");
        int result2 = str1.indexOf("Game"); // 字符串 str1 中没有该子串，所以值应为 -1
        System.out.println("result1:" + result1 + "result2:" + result2);
    }
}
```

在控制台中输出的结果如图 4-18 所示。

```
Problems  @ Javadoc  Declaration  Console
<terminated> Str [Java Application] C:\Program Files\Java\jre
result1: 4 result2:-1
```

图 4-18　indexOf() 方法

（4）substring(int beginIndex, int endIndex) 方法

substring() 方法从 beginIndex 位置起，从当前字符串中取出到 endIndex-1 位置的字符作为一个新的字符串返回。使用方法如下所示。

str1.substring(int beginIndex,int endIndex);
// 将字符串 str1 中从 beginIndex 开始至 endIndex 的字符作为新字符串返回

例：创建一个名为"str1"的字符串，并使用该字符串调用 substring() 方法，取出 str1 字符串中从索引号"0"开始至"4"的字符，并将其作为一个新的字符串"str2"返回，并在控制台中输出，如示例代码 4-23 所示。

示例代码 4-23

```java
public class Str {
    public static void main(String[] args) {
        String str1 = "JavaLearning";
        String str2 = str1.substring(0,4);
        System.out.println(str2);
    }
}
```

在控制台中输出的结果如图 4-19 所示。

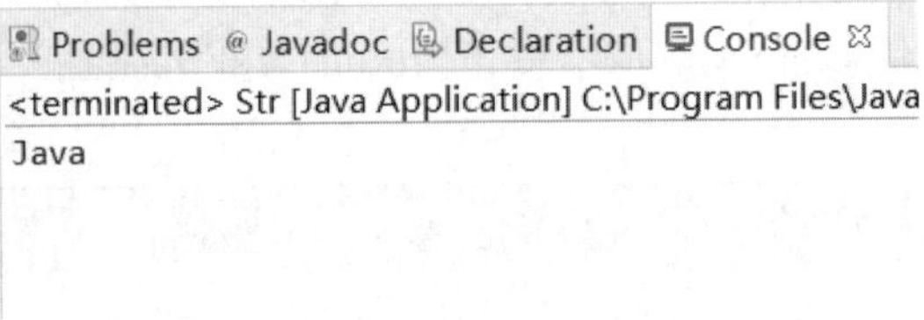

```
Problems  @ Javadoc  Declaration  Console
<terminated> Str [Java Application] C:\Program Files\Java
Java
```

图 4-19 substring() 方法

(5) toUpperCase() 与 toLowerCase() 方法

这两个方法分别将字符串中的内容转换为大写字母与小写字母。使用方法如下所示。

```
str.toUpperCase();
// 将 str 字符串中的字母转换为大写字母
str.toLowerCase();
// 将 str 字符串中的字母转换为小写字母
```

例：创建一个名为"str1"的字符串，并使用该字符串分别调用 toUpperCase() 方法与 toLowerCase() 方法，将结果分别输出在控制台中，如示例代码 4-24 所示。

示例代码 4-24

```java
public class Str {
    public static void main(String[] args) {
        String str1 = "JavaLearning";
        System.out.println("toUpperCase:" + str1.toUpperCase());
        System.out.println("toLowerCase:" + str1.toLowerCase());
    }
}
```

在控制台中输出的结果如图 4-20 所示。

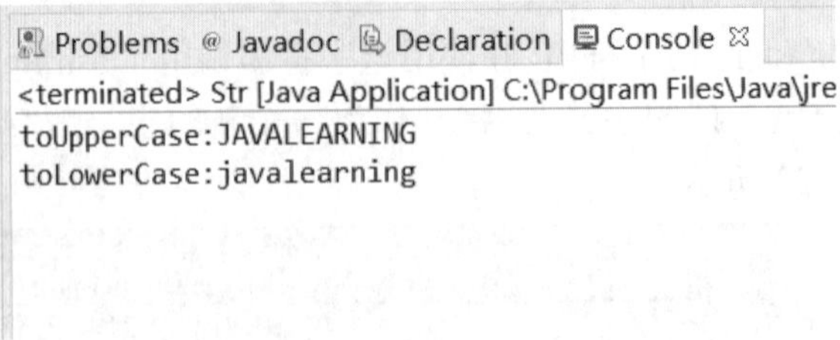

```
Problems  @ Javadoc  Declaration  Console
<terminated> Str [Java Application] C:\Program Files\Java\jre
toUpperCase:JAVALEARNING
toLowerCase:javalearning
```

图 4-20 toUpperCase() 与 toLowerCase() 方法

2.StringBuffer 类

尽管 String 类已经提供了许多字符串处理功能，然而在 Java 中一旦创建了 String 对象，这个对象的内容就永远不会改变，所以 Java 提供了 StringBuffer 类。StringBuffer 类有动态操作字符串的特性，每个 StringBuffer 对象都能够存储由其容量指定的字符。如果超出了 StringBuffer 对象的容量，则容量就会自动扩大，以容纳多出来的字符。

(一)StringBuffer 类的构造方法

StringBuffer 类提供了三个构造方法以便在调用方法的同时创建出字符串,如表 4-3 所示。

表 4-3　类构造方法

构造方法格式	说明
StringBuffer()	默认的构造方法,创建一个不包含字符且容量为 16 个字符(默认即为 16 个字符容量)的 StringBuffer 对象
StringBuffer(int size)	使用一个整数为参数,创建一个不包含字符,且初始容量由整数型参数 size 指定的 StringBuffer 对象
StringBuffer(String str)	使用一个 String 作为参数,创建一个 StringBuffer 对象,该对象包含 String 参数中的字符,且初始容量等于 String 参数中的字符数再加上 16

在测试类中分别使用表 4-3 中的方法进行实践,如示例代码 4-25 所示。

示例代码 4-25
```java
public class StringBufferTest {
    public static void main(String[] args) {
        String str = new String("Java 程序设计 ");
        StringBuffer strb = new StringBuffer();
        // 创建了一个空 StringBuffer 对象
        StringBuffer strb1 = new StringBuffer(5);
        // 创建了一个容量为 5 个字符的 StringBuffer 对象
        StringBuffer strb2 = new StringBuffer(str);
        // 创建了一个容量为 str.length 长度的 StringBuffer 对象,且包含 str 内的字符
        System.out.println(strb2);
    }
}
```

在控制台中输出的结果如图 4-21 所示。

```
Problems  @ Javadoc  Declaration  Console
<terminated> ExcepTest [Java Application] C:\Program Files\J
Java程序设计
```

图 4-21　String 类中的方法实践

(二)StringBuffer 类的常用方法

由于 String 类在每次操作字符串时都会新建一个对象,而原本的字符串对象不会改变,所以用 String 类对字符串进行操作十分耗费资源,而 StringBuffer 类对字符串的操作不仅线程安全且不耗费资源,StringBuffer 类的常用方法如表 4-4 所示。

表 4-4 StringBuffer 方法

方法格式	说明
length()	返回 StringBuffer 对象的当前字符数目
capacity()	在不需另外分配内存的情况下,返回 StringBuffer 对象可以存储的字符数目
setCharAt(int index, char ch)	以一个整数和字符为参数,将 StringBuffer 对象中 index 位置的字符替换为 ch 中的字符
reverse()	颠倒 StringBuffer 对象中的内容
append()	将参数转换为一个字符串,然后把它添加到 StringBuffer 对象的末尾。该参数可以是各种基本类型、字符数组、String 对象等
replace(int start, int end, String str)	用于将一个新的字符串 str 替换字符串缓冲区中 start 至 end 之间的字符

(1) length() 方法

length 方法可以将调用该方法的字符串的长度作为返回值返回。使用方法如下所示。

```
strb1.length();
// 返回 strb1 的字符长度
```

例:创建一个名为"str1"的数组,其值为"JavaLearning",后使用 StringBuffer 类创建一个名为"strb1"的对象,将"str1"作为参数传递给 StringBuffer。通过"strb1"调用 length() 方法,并在控制台中输出结果,如示例代码 4-26 所示。

示例代码 4-26

```java
public class Str {
    public static void main(String[] args) {
        String str1 = "JavaLearning";
        StringBuffer strb1 = new StringBuffer(str1);
        System.out.println(strb1.length());
    }
}
```

在控制台中输出的结果如图 4-22 所示。

```
Problems  @ Javadoc  Declaration  Console
<terminated> Str [Java Application] C:\Program Files\Java\jr
12
```

图 4-22 length() 方法

项目四 数组与字符串

（2）capacity() 方法

capacity() 方法在不需另外分配内存的情况下，返回 StringBuffer 对象可以存储的字符数目。使用方法如下所示。

```
strb1.capacity();
// 返回 strb1 中可以存储的字符数目
```

例：创建一个名为"str1"的字符串，其值为"JavaLearning"，后使用 StringBuffer 类创建一个名为"strb1"的对象，将"str1"作为参数传递给 StringBuffer。通过"strb1"调用 capacity() 方法，并在控制台中输出结果，如示例代码 4-27 所示。

示例代码 4-27
```java
public class Str {
    public static void main(String[] args) {
        String str1 = "JavaLearning";
        StringBuffer strb1 = new StringBuffer(str1);
        System.out.println(strb1.capacity());
    }
}
```

在控制台中输出的结果如图 4-23 所示。

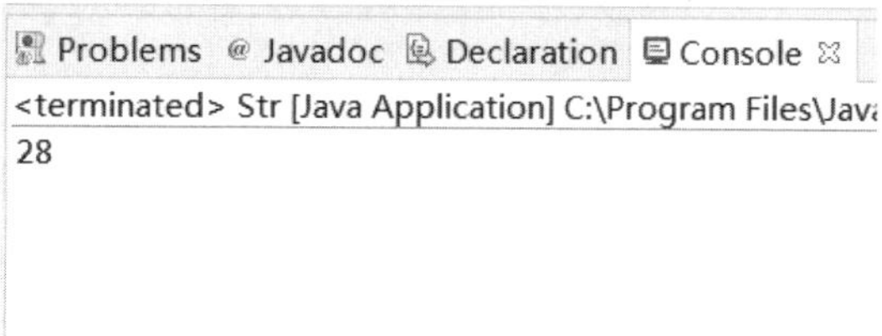

```
Problems  @ Javadoc  Declaration  Console
<terminated> Str [Java Application] C:\Program Files\Java
28
```

图 4-23　capacity() 方法

（3）setCharAt(int index, char ch) 方法

以一个整数和字符为参数，将 StringBuffer 对象中的 index 位置的字符替换为 ch 中的字符，使用方法如下所示。

```
strb1.setCharAt(0, "C");
// 将 strb1 对象中的索引号为 0 的字符替换为 C
```

例：创建一个名为"str1"的字符串，其值为"JavaLearning"，后使用 StringBuffer 类创建一个名为"strb1"的对象，将"str1"作为参数传递给 StringBuffer，创建一个字符变量"c1"并为其赋值为"C"。通过"strb1"调用 setCharAt () 方法，传递参数"0"和"c1"。最后在控制台中输出替换后的 strb1 对象，如示例代码 4-28 所示。

示例代码 4-28

```java
public class Str {
    public static void main(String[] args) {
        String str1 = "JavaLearning";
        StringBuffer strb1 = new StringBuffer(str1);
        char c1 = 'C';
        strb1.setCharAt(0, c1);
        System.out.println(strb1);
    }
}
```

在控制台中输出的结果如图 4-24 所示。

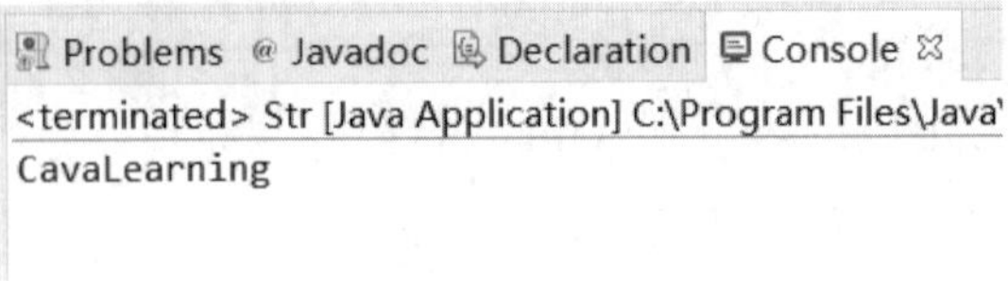

```
Problems  @ Javadoc  Declaration  Console
<terminated> Str [Java Application] C:\Program Files\Java\
CavaLearning
```

图 4-24 setCharAt() 方法

（4）reverse() 方法

reverse() 将调用该方法的 StringBuffer 对象的内容颠倒。使用方法如下所示。

```
strb1.reverse();
// 将 strb1 中的内容颠倒
```

例：创建一个名为"str1"的字符串，其值为"JavaLearning"，后使用 StringBuffer 类创建一个名为"strb1"的对象，将"str1"作为参数传递给 StringBuffer。通过"strb1"调用 reverse() 方法，并在控制台中输出结果，如示例代码 4-29 所示。

示例代码 4-29

```java
public class Str {
    public static void main(String[] args) {
        String str1 = "JavaLearning";
        StringBuffer strb1 = new StringBuffer(str1);
        System.out.println(strb1.reverse());
    }
}
```

在控制台中输出的结果如图 4-25 所示。

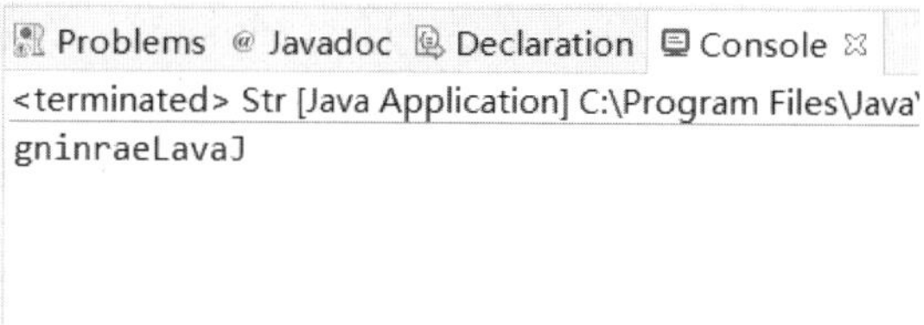

项目四　数组与字符串

```
Problems  @ Javadoc  Declaration  Console
<terminated> Str [Java Application] C:\Program Files\Java'
gninraeLavaJ
```

图 4-25　reverse() 方法

（5）append() 方法

append() 方法将参数转换为一个字符串，然后把这个参数转换的字符串添加到 StringBuffer 对象的末尾。该参数可以是各种基本类型、字符数组、String 对象等。使用方法如下所示。

strb1.append(str)
// 将 str 的内容添加到 strb1 对象的末尾

例：创建一个名为"str1"的字符串，其值为"JavaLearning"，之后使用 StringBuffer 类创建一个名为"strb1"的对象，将"str1"作为参数传递给 StringBuffer。通过"strb1"调用 append() 方法，将 str1 作为 append() 方法的参数，并在控制台中输出结果，如示例代码 4-30 所示。

示例代码 4-30

```java
public class Str {
public static void main(String[] args) {
    String str1 = "JavaLearning";
    StringBuffer strb1 = new StringBuffer(str1);
    System.out.println(strb1.append(str1));
}
}
```

在控制台中输出的结果如图 4-26 所示。

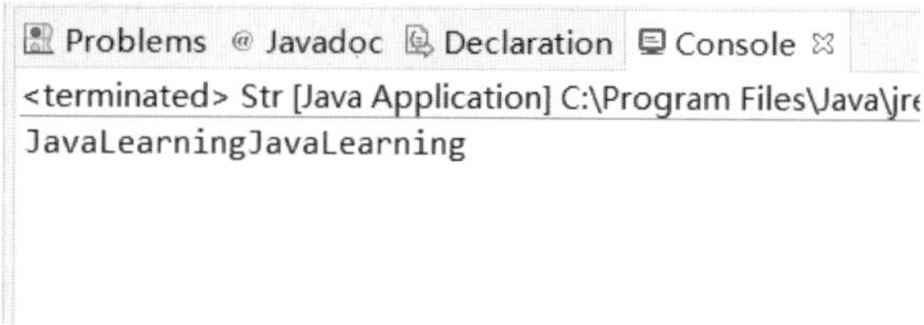

```
Problems  @ Javadoc  Declaration  Console
<terminated> Str [Java Application] C:\Program Files\Java\jre
JavaLearningJavaLearning
```

图 4-26　append() 方法

（6）replace(int start, int end, String str) 方法

replace() 方法用于将一个新的字符串 str 替换字符串缓冲区中 start 至 end 之间的字符。使用方法如下所示。

strb1.replace(0, 4, str1);
// strb1 缓冲区中的索引号为 0 至 4 的字符被替换为 str1 的内容。

例：创建一个名为"str1"的字符串，其值为"JavaLearning"，之后使用 StringBuffer 类创建一个名为"strb1"的对象，将"str1"作为参数传递给 StringBuffer，再创建一个名为"str2"的字符串变量，其内容赋值为"C 语言"。通过"strb1"调用 replace() 方法，将"0,4,str2"作为 replace 方法的参数，并在控制台中输出结果，如示例代码 4-31 所示。

示例代码 4-31

```java
public class Str {
    public static void main(String[] args) {
        String str1 = "JavaLearning";
        String str2 = "C 语言";
        StringBuffer strb1 = new StringBuffer(str1);
        System.out.println(strb1.replace(0, 4, str2));
    }
}
```

在控制台中输出的结果如图 4-27 所示。

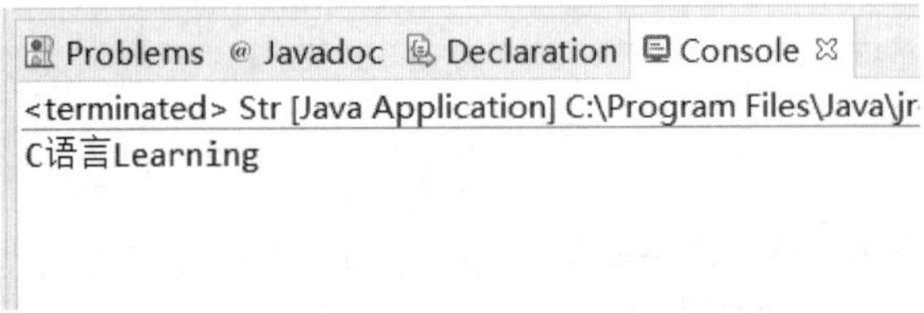

图 4-27　replace() 方法

任务实施

本任务将通过一个"求取班级成绩中最高分、最低分以及平均分"的案例来巩固 Java 数组定义以及函数的使用，具体操作步骤如下。

第一步，在 Eclipse 中创建 Test 类，声明 main 主方法，在 main 主方法中定义数组并填写学员成绩，如示例代码 4-32 所示。

示例代码 4-32

```java
// 定义数组，并填写十位学员的学科成绩
int[] nums = new int[] { 70, 68, 88, 74, 89, 90, 95, 78, 80, 100 };
```

第二步，定义变量，分别求取该数组的最大值、最小值、累加值以及平均值，如示例代码 4-33 所示。

> 示例代码 4-33
>
> int max = nums[0]; // 假定最大值为数组中的第一个元素
> int min = nums[0]; // 假定最小值为数组中的第一个元素
> double sum = 0;// 累加值
> double avg = 0;// 平均值

第三步,结合 for 循环和 if 判断语句获取该数组中的最大最小值,之后通过 sum 函数求取该数组之和并计算平均值,输出结果,如示例代码 4-34 所示。

> 示例代码 4-34
>
> for (int i = 0; i < nums.length; i++) { // 循环遍历数组中的元素
> // 如果当前值大于 max,则替换 max 的值
> if(max<nums[i]){
> max=nums[i];
> }
> // 如果当前值小于 min,则替换 min 的值
> if(nums[i]<min){
> min=nums[i];
> }
> // 求和
> sum=sum+nums[i];
> }
> // 求平均值
> avg=sum/(nums.length);
> System.out.println(" 数组中的最大值:" + max);
> System.out.println(" 数组中的最小值:" + min);
> System.out.println(" 数组中的平均值:" + avg);

第四步,运行此程序,结果如图 4-28 所示。

```
数组中的最大值:100
数组中的最小值:68
数组中的平均值:83.2
```

图 4-28 数组最大值、最小值、平均值的求取

本项目通过对"求取班级成绩中最高分、最低分以及平均分"案例的实现,使读者对 Java 数组的创建进行初步了解,并详细学习了获取数组内容并求值的实现方式,具有独立创建数组并实现编程的能力。

length	长度	initial	最初的
index	指数	equals	等于
fill	填充	sort	排序
capacity	容量	reverse	颠倒
append	增补	replace	替换

一、选择题

1. 数组内的数据(元素)通过由(　　)开始的下标进行排序。
A. 0　　　　　　　B. 1　　　　　　　C. 2　　　　　　　D. 3

2. 仅有(　　)个下标的数组称为一维数组。
A. 1　　　　　　　B. 2　　　　　　　C. 3　　　　　　　D. 4

3. Arrays 类提供的方法用于比较整个数组是否相等的是(　　)。
A. fill()　　　　　B. copyOf()　　　　C. equals()　　　　D. sort()

4. 以下不属于字符串相关类的是(　　)。
A. String　　　　　B. StringPrivate　　C. StringBuffer　　D. StringTokenizer

5. 下列方法中用于返回 StringBuffer 对象可以存储的字符数目的是(　　)。
A. reverse()　　　　B. length()　　　　C. append()　　　　D. capacity()

二、填空题

1. 数组属于 _____ 数据类型。
2. 一维数组内的元素最大长度为 _____。

3. 二维数组在声明时需要两个下标,第一个下标用来表示二维数组的 _____,第二个下标用来表示二维数组的 _____。

4. Java 中没有 _____ 字符串类型。

5. 在 Java 中一旦创建了 String 对象,这个对象的内容就 _____。

项目五　面向对象的程序设计基础

通过"人类对象的创建并调用"案例和"获得指定的时间值"案例的实现，了解 Java 面向对象的程序设计概念，熟悉成员变量、方法的特性，掌握类和对象的创建方法和访问控制权限修饰符的使用方法，具有应用面向对象思想编写 Java 应用程序的能力。在任务实现过程中：

● 了解面向对象概念；
● 熟悉类成员的特性；
● 掌握类和对象的创建；
● 具有面向对象编写程序的能力。

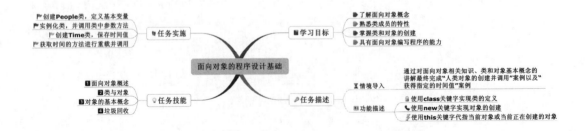

【情境导入】

面向对象编程将代码中具有关联性的数据以及数据操作放在一起,作为一个相互依存、不可分割的整体来处理,有利于问题的简单化,让程序更容易维护,增加了代码的重复利用效率。本项目通过对面向对象相关知识、类和对象基本概念的讲解,最终完成"人类对象的创建并调用"案例和"获得指定的时间值"案例。

【功能描述】

- 使用 class 关键字实现类的定义;
- 使用 new 关键字实现对象的创建;
- 使用 this 关键字代指当前对象或当前正在创建的对象。

技能点一　面向对象概述

面向对象是一种符合人类思维习惯的编程思想,现实生活中存在各种形态不同的事物,这些事物之间存在着各种各样的联系,在程序中使用对象来映射现实中的事物,使用对象的关系来描述事物之间的联系,这种思想就是面向对象。

面向对象把 Java 程序看成是各个对象的集合,对象是面向对象建模的核心概念,对象就是程序所要反映的事物的模型。对象可以是现实事物的模型,如:人、天空、月亮、太阳、桌子等,也可以是抽象事物的模型,如会议、合约等。对象是一个名词,并要求其可以真实地反映事物的特征,即对象必须能够体现出事物自身的一部分特性。

现实世界中的每一个实体都可以看作是一个对象,对象用来展示一些定义好的行为和有形的实体。在程序中的对象不像现实世界中一样有一个物理的实体,程序中只具有概念上的形状。程序中的对象具有一种状态,可以展示一种行为,有唯一的标识。

既然对象是模型,从现实世界的模型开始建立的对象的概念,借助模型也可以帮助理解现实世界，在生活中，对一个事物可以从不同的角度来建模。例如：一栋房子的模型可以是一张蓝图，也可以是一个三维的塑料模型。通过不同的模型可以从不同方面来理解同一事物。通过一张蓝图就可以很方便地想象出房子的平面布局，而且得到房子各部分的详细尺寸。三维的模型对了解房子的外观会有很大的帮助，但是模型并不是现实事物的简单缩小。模型在很多方面不再是反映原先的现实事物，例如：蓝图是二维的，并且，三维的塑料模型也不是房子本身。模型上的窗户也不是玻璃做的。

例如：汽车对象中应该包含牌照号码、制造商名称和型号等信息。还要能够实现汽车的启动、行驶和停车等功能。会议对象要有开会的内容、开会的地点或开会的方式、参加的人员、开会的时间、计划何时结束，以及实际开发的情况，如：实际到会人员名册等。学生对象中应该包含学号、年级、姓名、生日和通信地址等信息，还可以有参加活动、上学、下课回家等信息。汽车的驾驶员通过一系列的操作，即向车子发出一系列的信息，如：启动汽车、加速、转弯、停车等。汽车作为驾驶员操作的对象，需要接收驾驶员的操作信息，按照操作员的指令进行正确的工作，即响应操作信息，如图 5-1 所示。

Greta 向他的汽车发送了一条消息："加速"

图 5-1 服务器说明图

通过以上例子可以发现，把服务器、客户端看作对象，那么服务器对象应具有一定的功能。如，汽车对象本身知道应如何完成启动、加速、减速、转弯、停车等操作，但是对于驾驶员来说，该对象并不知道发生在汽车内部的复杂过程，但是客户端对象可以去调用服务器对象。另外汽车还应保存牌照信息、制造商信息、行驶里程信息等。这些信息能够反映汽车的特征，就认为这些应是汽车对象所具有的信息。

通过多个对象的相互配合来实现应用程序的功能，这样当应用程序的功能发生变动时，只需要修改个别的对象，从而使程序更容易维护。面向对象的特点主要可以概括为封装性、继承性和多态性，具体如下。

（1）封装性

封装 (Encapsulation) 是对象最重要的特性。完成各项操作的过程将被对象隐藏起来，客户端对象并不需要知道服务器对象是如何完成其所提供的操作的，只要知道服务器对象可以完成什么操作就足够了。因此，客户端对象只能向计算机服务器发送一组信息。创建计算机服务器对象的人可以决定计算机服务器对象对外提供什么服务。面向对象的封装性表现在类内部，数据操作细节只由类本身完成，不与外部交互且仅对外暴露少量的方法接口。通过隐藏对象内部的复杂性，仅对外公开简单的方法接口，便于外部使用，从而提高系统的可拓展性、可维护性。

（2）继承性

面向对象的继承性的好处是当对一个类进行功能修改或增加新的功能时,不再需要完全丢弃旧的程序,只要对被继承的系统中需要修改的部分进行调整或新增即可,拓展性强也是面向对面程序设计的主要优点之一。

继承性主要描述的是类与类之间的关系,通过继承,可以在无须重新编写原有类的情况下,对原有类的功能进行扩展。例如,有一个汽车的类,该类中描述了汽车的普通特性和功能,而轿车的类中不仅应该包含汽车的特性和功能,还应该增加轿车特有的功能,这时,可以让轿车类继承汽车类,在轿车类中单独添加轿车特性的方法就可以了。继承不仅增强了代码的复用性,提高了开发效率,还为程序的维护补充提供了便利。

（3）多态性

多态性指在类的继承中,父类的属性和方法在不同子类中具有不同的含义,也就是说在一个类中定义的属性和方法被其他类继承之后,可以具有不同的数据类型或者表现出不同的行为,从而使得同一个属性和方法在不同的类中具有不同的语义,例如在不同的岗位中,领导下达的开始工作的含义是不一样的,销售人员是开始销售,老师则是讲课、批改作业等。

技能点二　类与对象

1. 类的概述

面向对象的程序设计是以类为基础的,一个 Java 程序至少要包含一个类。类是 Java 中的一种重要的复合数据类型,是组成 Java 程序的基本要素。在类中封装了一系列对象的共有属性和方法,是这一系列对象的原型。如图 5-2 所示,一个动物类可以实例为杂食动物、肉食动物、草食动物对象,对象不仅包含动物类共有的属性与行为还包含各自特有的属性与行为。

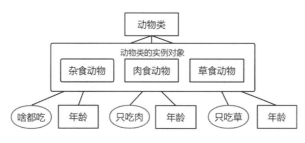

图 5-2　类的实例化

对象都属于某个类,每个对象都是某个类的实例,例如学生王明、李永等,他们都属于学生类。同一个类的所有实例具有相同的属性,这些对象具有相同的属性含义,但是它们的状态是不同的,比如学生类的对象可以有很多,他们都有年龄这个属性,每个对象的年龄属性值是不同的。

类图 (Class diagram) 是说明类的常用方法。类图是统一建模语言 UML(Unified Madeling Language) 的一部分,也是对类进行说明的标准表示法。UML 独立于编程语言。这里用 Java 语言编程,但使用 UML 说明的模型也可以用其他编程语言来实现。Car(汽车) 的类图如图 5-3 所示。

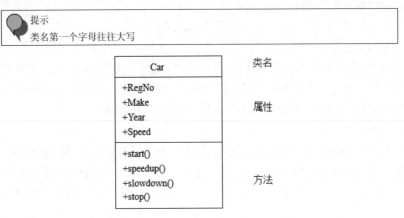

图 5-3　类图 (UML)

从上面对类和对象的定义进行分析,可以发现类与对象的关系如下。

类 (Class) 是对象的设计蓝图。对象 (Object) 是根据类所建造出来的实例 (Instance),它们的关系就好比楼房按照设计蓝图进行建造一样,如图 5-4 所示。蓝图就是设计的类,而按照蓝图生成的房子,就是根据设计的类而创建的对象,那么在面向对象的程序设计中,只要将现实世界的物品以类的形式抽象地表现出来即可。所以说,面向对象的程序设计实际上就是对类的抽象的设计。

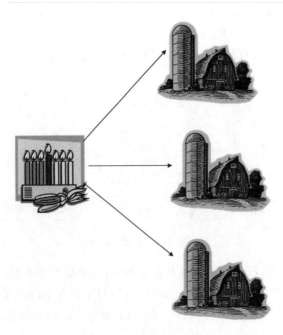

图 5-4　类图形象化

2. 类的定义

使用类编写程序体现了 Java 开发利用构件来完成程序开发的原则。在设计类之前，首先应明确程序需求中的各个组成部分分别具有什么特性，而后使用类来抽象那些具有相同属性和操作的对象。因而面向对象的编程应该从分析如何将现实问题抽象成对象开始。定义一个类包括如下两个方面。

1）定义属于该类对象共有的属性。
2）定义属于该类对象共有的行为。

定义类的一般格式如下所示。

```
[访问限定符] [修饰符] class 类名 [extends 父类名] [implements 接口名列表]
// 类声明
{ // 大括号，标志着类体的开始
    [类的成员变量说明] // 属性说明
    [类的构造方法定义]
    [类的成员方法定义] // 行为定义
} // 大括号，标志着类体的结束
```

对类声明的格式说明如下。

1）方括号"[]"中的内容为可选项。

2）访问限定符的作用是确定该定义类可以被哪些类使用，Java 中的访问限定符如下所示。

① public，表明这个类是公有的，可以在任何 Java 程序的任何对象中使用公有的类。
② private，表明是私有的，不能被其他类使用。
③ protected，表面是受保护的，只能被其子类访问。
④ 默认访问，当没有设定访问限定符时则系统默认是可以被本类包中的所有类访问。

3）修饰符的作用是确定该定义类如何被其他类使用，Java 中的类修饰符如下所示。

① abstract，说明该类是抽象类，不可以直接生成对象。
② final，说明该类是最终类，不可以被继承。

4）class 是声明类的关键字。

5）类名是该类的名字，是一个 Java 标识符，要做到见名知意且首字母大写。

6）父类名跟在关键字 extends 后，指明该类的父类是谁。

7）接口名列表是接口名的一个列表，跟在关键字 implements 后，说明定义的类要实现列表中的所有接口。

例：定义一个属性为姓名 name 和年龄 age，方法名为吃饭 eat 的 People 类，如示例代码 5-1 所示。

示例代码 5-1

```
class People{
    // 定义 People 类的属性
    String name;
```

```
    int age;
        public void eat() { // 定义 People 类的行为
        System.out.println(" 吃饭 ");
    }
}
```

在 Java 中,定义在类中的变量被称为成员变量,定义在方法中的变量被称为局部变量。在同一个方法中定义的局部变量与成员变量同名的情况是被允许的,此时方法中通过变量名访问到的是局部变量,而并非成员变量,如示例代码 5-2 所示。

示例代码 5-2

```
class Person {
    int age = 10;         // 类中定义的变量被称作成员变量
    void speak() {
        int age = 50; // 方法内部定义的变量被称作局部变量
        System.out.println(" 大家好,我今年 " + age + " 岁 !");
    }
}
```

在上面的代码中,在 Person 类的 speak() 方法中有一条打印语句,访问了变量 age,此时访问的是局部变量 age,也就是说当有另外一个程序来调用 speak() 方法时,输出的值为 50,而不是 10。

3. 类的变量

在类体中声明定义的变量被称为成员变量,成员变量用来表明类的属性,声明或定义成员变量的格式如下所示。

[访问限定符] [修饰符] 数据类型 成员变量名 [= 初始值];

其中,访问限定符用于设置成员变量在其他类中的对象的权限,变量拥有的访问限定符与类的访问限定符相同。

修饰符用来确定成员变量是如何被其他类使用的,Java 中可用的变量修饰符如下所示。

① final (最终的) 指定变量的值不能改变,即常量。

② static (静态的) 指定变量被所有对象共享,即在任意一个对象中更改此变量,其余此类实例中的该变量会同步改变。

例:在 Students 类中声明一个 static 修饰的变量 "electives",final 修饰的变量 "MAJOR",如示例代码 5-3 所示。

示例代码 5-3

```
class Students {
    final String MAJOR = " 英语,高数 ";
    // 声明一个字符串类型的定量主修课
```

```
        static String electives;
        //声明一个字符串类型的静态变量选修课
}
```

如果创建了一个类的多个实例,则每一个实例对象都拥有一套独立的属性和方法(非 static 修饰),当修改了实例中的属性和方法(非 static),不会影响到其他实例对象的属性和方法(非 static 修饰)。

4. 类的方法

类中的变量反映了对象的属性,而对象所具有的功能则由方法来描述。类的方法分为成员方法和构造方法。

(1)成员方法

在方法体中声明的方法就属于成员方法,成员方法又根据有无返回值分为两类。方法的声明格式如下所示。

```
[ 权限修饰符 ] [ 返回值类型 ] 方法名 ( 形参列表 ) {
    方法体
}
```

其中对方法声明的说明(中括号"[]"中的格式可以省略)如下:

1)权限修饰符:private、public、protected 和缺省四种。

2)返回值类型:如果声明的这个方法需要返回值,则应该在声明方法时指定方法的返回值类型,同时在方法体中必须使用 return 关键字返回指定类的变量或常量。如果不需要返回值,则需要在声明方法时指定返回值类型为 void,在返回值类型为 void 的方法体中使用 return 关键字则表示结束方法。

3)方法名:方法名也属于标识符,需要遵循标识符的命名规范。

4)形参列表:方法可以声明 0 个或者多个形参,格式为"数据类型 形参",多个形参之间用逗号隔开。

例:在上一例中的 Students 类中声明一个没有返回值的 Study 方法和返回 int 型的 Exam 方法,如示例代码 5-4 所示。

示例代码 5-4

```
class Students {
    final String MAJOR = " 英语,高数 ";
    //声明一个字符串类型的定量主修课
    static String electives;
    //声明一个字符串类型的静态变量选修课
    public void Study() {
        //声明了一个返回值类型为 void 的 Study 方法
    }
    public int Exam(int mathScore,int englishScore) {
        //声明了一个返回值类型为 int 类型的 Exam 方法
```

```
        // 在调用方法时需要传递 mathScore 和 englishScore 作为参数
    }
}
```

(2) 构造方法

构造方法用于在创建实例的同时初始化对象,在创建类的实例对象时自动调用构造方法,当类中没有显式地声明构造方法时则系统默认有一个空的构造方法。声明一个构造方法的格式如下所示。

```
[public] 类名([ 形参列表 ]){
    [ 方法体 ]
}
```

其中对构造方法声明的说明(中括号"[]"中的格式可以省略)如下。

1) 构造方法名必须与所在的类名相同。

2) 访问限定符只能使用 public 或者缺省,一般情况下声明为 public,若为缺省则只能在同一个包中创建该类的对象。

3) 在构造方法的方法体中不能使用 return 关键字。

4) 当已经显式声明了一个有形参的构造方法时必须再声明一个无参的构造方法,因为系统不会再给一个默认的构造方法。

如下就是一个没有参数的构造方法。

```
Public Car() {}
```

下面是一个带有四个参数的构造方法。

```
Public Car(String regNo,String make,int year,int initSpeed){}
```

构造方法的四个参数主要是对 Car 的四个属性 regNo、make、year 和 initSpeed 进行初始化。

例:在 Students 类中添加一个形参为 n 和 a 的构造方法,并在 PeopleTest 类中创建 Students 类的实例对象"s1",同时传入参数"小明"与"18",如示例代码 5-4 所示。

示例代码 5-5

```
public class PeopleTest {
    public static void main(String[] args) {
        Students s1 = new Students(" 小明 ", 18);
        // 上面的语句执行后,同时执行创建了 s1 对象和 Students 类的构造方法
    }
}
class Students {
    String name;
    int age;
```

```
public Students(String n,int a) {
    System.out.println(" 执行了构造方法:" + n + a);
    // 在创建对象的同时输出
    }
}
```

在控制台中输出的结果如图 5-5 所示。

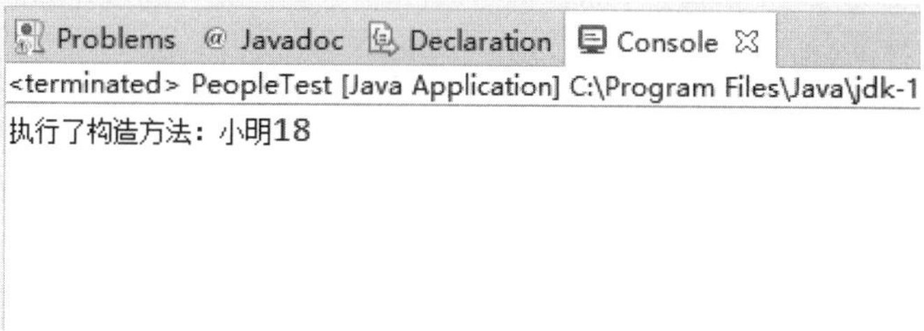

图 5-5 构造方法

5. 方法重载

有时候,类的同一种功能有多种实现方式,到底采用哪种实现方式,取决于调用者给定的参数,这种通过参数选择方法功能的操作就被称为重载。例如杂技师能训练动物,对于不同的动物有不同的训练方式。

```
public void train(Dog dog){
    // 训练小狗站立、排队、做算术
    ...
    }
public void train (Monkey monkey){
    // 训练小猴敬礼、翻筋斗、骑自行车
    ...
    }
```

对于类的方法,如果两个方法的方法名相同,但参数不一致,那么可以说,一个方法是另一个方法的重载方法。

重载方法必须满足以下条件:①方法名相同;②方法参数类型、个数至少有一项不同;③方法的返回类型可以不相同;④方法的修饰符可以不相同。

在一个类中不允许定义两个方法名相同且参数的类型和个数也完全相同的方法,因为假设存在这样两个方法,Java 虚拟机在运行时无法决定到底执行哪个方法。

方法重载是一个令人激动的特性,但是也不能滥用,只有对不同的数据完成基本相同的任务的方法才推荐使用重载,使用重载的优点是:①不必对相同的操作使用不同的方法名;②有助于更轻松地理解和调试代码;③更易于维护代码。

(1)参数类型不同的重载

只要参数的类型不同,Java 编译器就能够区分各个带有相同个数的参数的重载方法,通过方法重载,程序员的工作得以简化,因为方法重载减少了需要记住的方法名。例如 java.

lang.Math 类的 max() 方法能够从两个数字中取出最大值,它有多种实现方式。

```
public static int max(int a,int b)
public static int max(long a,long b)
public static int max(float a,float b)
public static int max(double a,double b)
```

以下程序多次调用 Math 类的 max() 方法,运行时,Java 虚拟机先判断给定参数的类型,然后决定到底执行哪个 max() 方法。

```
// 参数均为 int 类型,因此执行 max(int a,int b) 方法
Math.max(1,2)
// 参数均为 float 类型,因此执行 max(float a,float b) 方法
Math.max(1.0F,2.0F)
// 参数中有一个是 double 类型,自动把另一个参数 2 转换为 double 类型,
// 执行 max(double a,double b)
Math.max(1.0,2)
```

下面的程序中定义了一个 Account 类,在 Account 类中定义两个重载方法 sum,分别求两个整型数及两个浮点数的和,代码如示例代码 5-6 所示。

示例代码 5-6

```
package chapter0501;
class Account{
    public void sum(int a,int b){// 重载方法:求两个整型数的和
        int result=a+b;
        System.out.println(result);
    }
    public void sum (double a,double b){// 重载方法:求两个浮点数的和
        double result=a+b;
        System.out.println(result);
    }
}
public class AccountTest{
    public static void main(String[] args){
        Account acc=new Account();
        acc.sum(10,15);      // 第一次调用重载方法 sum
        acc.sum(11.4,20.5); // 第二次调用重载方法 sum
    }
}
```

在 Account Test 类的 main() 方法中先创建了一个 Account 类的对象,然后两次调用

sum() 方法,在第一次调用时传入两个整型参数,Java 编译器将会去调用带有两个整型参数的重载方法：public void sum(int a,int b)。在第二次调用中传入两个浮点型参数,Java 编译器则会去调用带有两个浮点型参数的重载方法：public void sum(double a,double b)。

运行结果如图 5-6 所示。

图 5-6　运行结果图

（2）参数个数不同的重载

除了不同的数据类型可以进行方法重载外,对于方法的调用中参数个数不同的情况也可以进行方法重载。

```
public int sum(int a,int b);
public int sum(int a,int b,int c);
```

当调用 sum 方法时,编译器会将实参的类型和个数与 sum 方法的形参进行比较,以调用与参数匹配的方法,如果没有匹配的方法,编译器会报出一个错误。

下面程序重新定义了 Account 类 , 在 Account 类中定义两个重载方法 sum,分别求两个整型数和三个整型数的和,如示例代码 5-7 所示。

示例代码 5-7

```java
class Account{
    public int sum(int a,int b){// 重载方法：求个整型数的和
        int result=a+b;
        return result;
    }
    public int sum(int a,int b,int c){// 重载方法：求三个整型数的和
        int result=sum(a,b);
        result=sum(result,c);
        return result;
    }
}
public class AccountTest1{
    public static void main(String[]args){
        Account acc=new Account ();
        int result=acc.sum(10,15);// 第一次调用重载方法 sum
        System.out.println(" 两个数的和为:"+result);
        result=acc.sum(10,15,20);// 第二次调用重载方法 sum
```

```
        System.out.println("三个数的和为:"+result);
    }
}
```

在第一次调用 sum() 方法时传入两个整型参数,Java 编译器将会调用带有两个整型参数的重载方法:public int sum(int a,int b)。在第二次调用中传入三个整型参数,Java 编译器则会调用带有三个整型参数的重载方法:public int sum(int a,int b,int c)。

运行结果如图 5-7 所示。

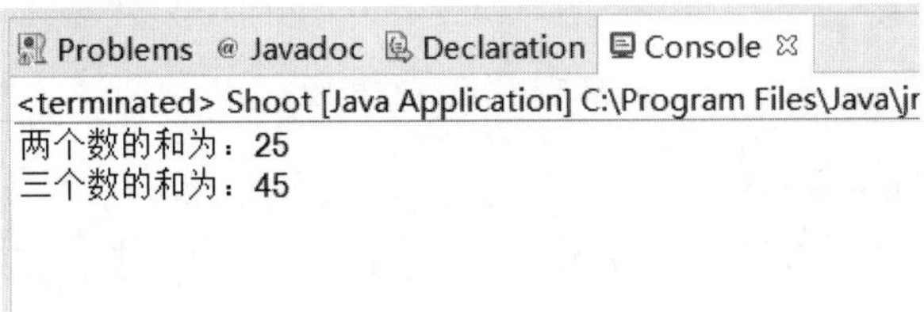

图 5-7　运行结果图

技能点三　对象的基本概念

在编写好类之后需要对类进行实例化,也就是创建对象。如 Students 类只是 People 类中抽象出来的一个模型,要处理 Students 的具体信息必须按 People 模板构造出一个具体的学生来,这个就是类的一个实例。对象的解析如图 5-8 所示。

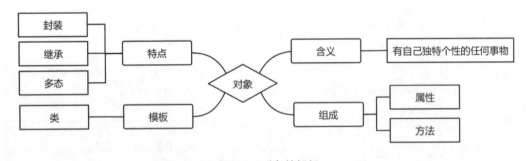

图 5-8　对象的解析

1. 对象的创建

对象的创建需要以下三个步骤。

（1）声明对象

在创建对象前需要先声明对象,声明对象的格式与声明基本类型变量的格式一致,如下所示。

```
// 格式为"类名 对象名";
Students s1;  // 声明了一个学生对象 s1
```

此时的对象只是一个空的引用,系统还没有给它分配空间,因此声明对象后还不能使用对象。

（2）创建对象

在对象声明完成之后方可创建对象,创建对象的格式如下。

```
对象名 = new 类构造方法名 ([ 实参列表 ])
```

其中,new 运算符用来为对象分配存储空间,它会调用类的构造方法获得对象引用,通常情况下声明对象的语句和创建对象的语句合并为同一条语句。

例：在 main() 方法中创建一个 Students 对象并初始化它的属性,如示例代码 5-8 所示。

示例代码 5-8

```java
public static void main(String[] args) {
    Students s1 = new Students(" 张三 ", 20);
    // 声明对象与创建对象的合并写法
}
```

（3）调用对象

在创建完对象后就可以通过"."运算符调用对象内的属性或者方法。

例：调用 Students 类的实例对象 s1 中的 name 和 age 属性并输出在控制台,如示例代码 5-9 所示。

示例代码 5-9

```java
public class PeopleTest {
    public static void main(String[] args) {
        Students s1 = new Students();
        // 创建 Students 类的 s1 对象
        System.out.println("s1.name = " + s1.name + " s1.age = " + s1.age);
    }
}
class Students {
    String name = " 张三 ";
    int age = 20;
}
```

在控制台中输出的结果如图 5-9 所示。

```
Problems  @ Javadoc  Declaration  Console
<terminated> PeopleTest [Java Application] C:\Program Files\Jav
s1.name = 张三 s1.age = 20
```

图 5-9 运行 PeopleTest 类

2.this 关键字

this 关键字代指当前对象或当前正在创建的对象。在类的方法中使用"this. 属性"或者"this. 方法"的方式来调用当前对象的属性或者方法。当形参和类的属性同名时，必须显式地使用"this. 变量"的方式来表示此变量是属性而不是形参。

使用 this 关键字修饰或者调用构造器时可以通过"this(形参列表)"的方式调用本类中指定的其他构造器，这时不可以调用自身并且必须声明在构造器的首行中。

例：在 Teacher 类的构造方法中通过使用 this 关键字来区分形参与属性，在测试类中调用 Speak() 方法时，将形参"name"与"major"分别赋值给"this.name"和"this.major"属性，如示例代码 5-10 所示。

示例代码 5-10

```java
public class PeopleTest {
    public static void main(String[] args) {
        Teacher t1 = new Teacher();
        t1.Speak(" 刘能 "," 普通话 ");
    }
}
class Teacher {
    String name;
    String major;
    public void Speak(String name,String major){
        this.name = name;
        //this.name 相当于 Teacher.name 但是只有在对象创建后才有意义
        this.major = major;
        System.out.println(" 我的名字是:" + name + " 教授的课程是:" + major);
    }
}
```

在控制台中输出的结果如图 5-10 所示。

```
Problems  @ Javadoc  Declaration  Console
<terminated> PeopleTest (2) [Java Application] C:\Program Fi
我的名字是：刘能 教授的课程是：普通话
```

图 5-10　调用 Speak() 方法

3.static 关键字

static 关键字可以用来修饰类的成员变量、成员方法和代码块，具体内容如下。

1）用 static 修饰的成员变量表示静态变量，可以直接通过"类名.名字"来访问。

2）用 static 修饰的成员方法表示静态方法，可以直接通过"类名.名字"来访问。

3）用 static 修饰的程序代码块表示静态代码块，当 Java 需加载类时就会执行该代码块。被 static 修饰的成员变量和成员方法表明该成员归某个类所有。它不依赖于类的特定实例，被类的所有实例共享。

（1）static 变量

类的成员变量有两种，一种是被 static 修饰的变量，叫作静态变量或类变量，另一种是没有被 static 修饰的变量，叫作实例变量。

静态变量和实例变量的区别如下。静态变量在内存中只有一个拷贝，运行时 Java 虚拟机只为静态变量分配一次内存，在加载类的过程中完成静态变量的内存分配。可以直接通过类名访问静态变量，也可以通过类的实例来访问静态变量。对于实例变量，每创建一个实例，就会为实例变量分配一次内存，实例变量可以在内存中有好几个拷贝。每个拷贝属于特定的实例，互不影响，如示例代码 5-11 所示。

示例代码 5-11
```java
public class SampleTest {
    public static void main(String[] args) {
        Sample  s1=new  Sample();
        Sample  s2=new  Sample();
        System.out.println(s1.count);
        System.out.println(s2.count);
    }
}
class  Sample{
    static  int  count=0;// 定义一个静态变量，并初始化为零
    public  Sample(){
      count++;   //  构造方法中访问 count 静态变量
    }
}
```

运行结果如图 5-11 所示。

```
 Problems  @ Javadoc  ⓡ Declaration  ⨋ Console ⊠
<terminated> Shoot [Java Application] C:\Program Files\J
2
2
```

图 5-11　运行结果图

在上面的程序代码中，如果不知道 count 是静态变量，则可能会认为 s1.count 和 s2.count 的值分别被置为 1。但事实上它们都被置为 2，因为 s1.count 和 s2.count 指的是同一个变量。也就是说 Sample 类的所有实例共用一个 count，当每次调用构造方法创建 Sample 类的实例时都会递增 count 的值，以此可以统计已经创建了多少个实例。

访问静态变量更好的方法是通过类的名称来实现。

```
Sample s1=new Sample();
Sample s2=new Sample();
System.out.println(Sample.count);// 通过类名访问静态变量
```

static 修饰的变量在某种程度上与其他语言（如 C 语言）中的全局变量相似。Java 语言不支持不属于任何类的全局变量，而静态变量提供了这一功能。

（2）static 方法

成员方法分为静态方法和实例方法，用 static 修饰的方法叫作静态方法，或类方法。静态方法也和静态变量一样，不需要创建类的实例，可以直接通过类名来访问，如示例代码 5-12 所示。

示例代码 5-12

```java
public class Sample1{
    public static int method(int x,int y){// 静态方法
        return x+y;
    }
}
class Sample2{
    public void method2(){
        int x=Sample1.method(3,6);// 通过 Sample1 类名访问 method 静态方法。
    }
}
```

静态方法可访问的内容：因为静态方法不需要通过它所属的类的任何实例就会被调用，因此在静态方法中不能使用 this 关键字，也不能直接访问所属类的实例变量和实例方法，但是可以直接访问所属类的静态变量和静态方法。

实例方法可以访问的内容：如果一个方法没有被 static 修饰，那么它就是实例方法，在实例方法中可以直接访问所属类的静态变量、静态方法、实例变量和实例方法，如示例代码 5-13 所示。

示例代码 5-13

```java
public class Sample1{
    int i;          // 实例变量
    static int j;// 静态变量
    public static void method1(int a,int b){// 静态方法
        i=a;        // 编译错误,静态方法不能访问实例变量
        j=b;        // 正确,静态方法只能访问静态变量
    }
    public int method2(int a,int b){// 实例方法
        i=a;        // 正确,实例方法可以访问实例变量
        j=b;        // 正确,实例方法可以访问静态变量
        return i+j;
    }
}
```

作为程序入口的 main() 方法就是静态方法。因为把 main() 方法定义为静态方法,可以使得 Java 虚拟机只要加载了 main() 方法所属的类就能执行 main() 方法,而无须先创建这个类的实例。

(3) static 代码块

类中可以包含静态代码块,它不存在于任何方法体中。在 Java 虚拟机加载类时会执行这些静态代码块,如果类中包含多个静态代码块,那么 Java 虚拟机将按照它们在类中出现的先后顺序执行它们,每个静态代码块只会执行一次。例如以下 Sample 类中包含两个静态代码块。运行 Sample 类的 main() 方法时,Java 虚拟机首先加载 Sample 类,在加载的过程中依次执行两个静态代码块。Java 虚拟机加载 Sample 类后,再执行 main() 方法,如示例代码 5-14 所示。

示例代码 5-14

```java
public class Sample{
    static int i=5;
    static{                              // 第一个静态代码块
        System.out.println("First Static code i= "+i);
        i++;
    }
    static{                              // 第二个静态代码块
        System.out.println("Second Static code i="+ i);
        i++;
    }
    public static void main(String args[]) {
```

```
        Sample s1=new Sample();
        Sample s2=new Sample();
        System.out.println("At last i="+i);
    }
}
```

运行结果如图 5-12 所示。

```
First  Static  code  i= 5
Second  Static  code  i=6
At  last  i=7
```

图 5-12　运行结果图

从以上程序可以知道，类的构造方法用于初始化类实例，而类的静态代码块则可以初始化类，给类的静态变量赋初值，静态代码块与静态方法一样，也不能直接访问类的实例变量和实例方法，而必须通过实例的引用来访问它们，如示例代码 5-15 所示。

示例代码 5-15

```
public class Shape {
    private int i;              // 实例变量
    private static int j; // 静态变量
    static {
        i=10;              // 编译出错，不能访问实例变量
        Method1()          // 编译出错，不能访问实例方法
        j= 20;             // 正确，可以访问静态变量
        Method2();         // 正确，可以访问静态方法
    }
    public void method1(){i++;}           // 实例方法
    public static void method2(){j++;}    // 静态方法
```

技能点四　垃圾回收

当对象被创建时，该对象会在 Java 虚拟机的堆区拥有一块内存，在 Java 虚拟机的声明周期中，Java 程序会陆续创建无数个对象，假如所有的对象都永久占有内存，那么内存有可能很快被消耗光，最后引发内存空间不足的错误。因此，必须采取一种措施来及时回收那些无用对象的内存，以保证内存可以被重复利用。

在一些传统的编程语言(如 C 语言)中,回收内存的任务是由程序本身负责的。程序可以显式地为自己变量分配一块内存空间,当这些变量不再有用时,程序必须显式地释放变量所占用的内存,把直接操纵内存的权利赋给程序,尽管给程序带来了很多灵活性,也会导致以下弊端。

1)程序员可能因为粗心大意,忘记及时释放无用变量的内存,从而影响程序的健壮性。

2)程序员可能错误地释放核心类库所占用的内存,导致系统崩溃。

在 Java 语言中,内存回收的任务由 Java 虚拟机来担当,而不是由 Java 程序来负责。在程序的运行环境中,Java 虚拟机提供了一个系统级的垃圾回收器线程,它负责自动回收那些无用对象所占用的内存,这种内存回收的过程被称为垃圾回收(Garbage Collection)。

垃圾回收具有以下优点。

1)把程序员从复杂的内存追踪、检测和释放等工作中解放出来,减轻程序员进行内存管理的负担。

2)防止系统内存被非法释放,从而使系统更加健壮和稳定。

垃圾回收具有以下缺点。

1)只有当对象不再被程序中的任何引用变量引用时,它的内存才可能被回收。

2)程序无法迫使垃圾回收器立即执行垃圾回收操作。

3)当垃圾回收器将要回收无用对象的内存时,先调用该对象的 finalize() 方法,该方法有可能使对象复活,导致垃圾回收器取消回收该对象的内存。

(1)对象的可触及性

在 Java 虚拟机的垃圾回收器看来,堆区中的每个对象都可能处于以下三个状态之一。

1)可触及状态:一个对象(假定为 Sample 对象)被创建后,只要程序中还有引用变量引用它,那么它就始终处于可触及状态。

2)可复活状态:当程序不再有任何引用变量引用 Sample 对象时,它就进入可复活状态,在这种状态中,垃圾回收器会准备释放它占用的内存,在释放之前,会调用它及其他处于可复活状态对象的 finalize() 方法,这些 finalize() 方法有可能使 Sample 对象重新转到可触及状态。

3)不可触及状态:当 Java 虚拟机执行完所有可复活对象的 finalize() 方法后,假如这些方法都没有使 Sample 对象转到可触及状态,那么 Sample 对象就进入不可触及状态,只有当对象处于不可触及状态时,垃圾回收器才会真正回收它占用的内存。

以下 method() 方法先后创建了两个 Integer 对象,如示例代码 5-16 所示。

示例代码 5-16

```java
public static void method(){
    Integer a1=new Integer(10);// ①
    Integer a2=new Integer(20);// ②
    a1=a2;// ③
}
public static void main(String[] args){
    method();
```

```
        System.out.println("End");
    }
```

当程序执行完③行时,取值为 10 的 Integer 对象不再被任何变量引用,因此转到可复活状态,取值为 20 的 Integer 对象处于可触及状态,它被变量 a1 和 a2 引用。

当程序退出 method() 方法并返回到 main() 方法时,在 method() 方法中定义的局部变量 a1 和 a2 都将结束生命周期。堆区中取值为 20 的 Integer 对象也将转到可复活状态。

(2)垃圾回收的时间

当一个对象处于可复活状态时,垃圾回收线程何时执行它的 finalize() 方法,何时使它转到不可触及状态,何时回收它占用的内存,这对于程序来说都是无从可知的。程序只能决定一个对象何时不再被任何引用变量引用,使得它成为可以被回收的垃圾。这就像每个居民只要把无用的物品(相当于无用的对象)放在指定的地方,清洁工人就会把它收拾走一样,但是,垃圾什么时候被收走,居民是不知道的,也无须对此了解。

站在程序的角度,如果一个对象不处于可触及状态,就可以称它为无用对象,程序不会持有无用对象的引用,不会再使用它,这样的对象可以被垃圾回收器回收。一个对象的生命周期从被创建开始,到不再被任何变量引用(即变为无用对象)结束。

垃圾回收器作为低优先级线程独立运行,在任何时候,程序都无法迫使垃圾回收器立即执行垃圾回收操作,在程序中可以调用 System.gc() 或者 Runtime.gc() 方法提示垃圾回收器尽快执行垃圾回收操作,但是这也不能保证调用完该方法后,垃圾回收线程就立即执行回收操作,而且不能保证垃圾回收线程一定会执行这一操作。这就相当于小区内的垃圾成堆时,居民无法立即把环保局的清洁工人招来,令其马上清除垃圾一样,居民所能做的是给环保局打电话,催促他们尽快来处理垃圾。这种做法仅仅提高了清洁工人尽快来处理垃圾的可能性,但仍然存在清洁工人过了很久才来或者永远不来清除垃圾的可能性。

课程思政:实践纠错,探索实践

从第一行"hello world"到工程化软件的编写,其过程都是由简单到复杂的,从一开始对项目需求进行分析、构建基础项目、确定变量、业务的设计实现到最终的垃圾回收,在这一过程中需要不断地编写代码,不断地实践,不断地纠错改错。在开发过程中只有不断地实践纠错,才能不断提高自我,达到新的高度。

任务一

通过实现"人类对象的创建并调用"案例来巩固 Java 对象的使用以及类的创建与实例化,具体操作步骤如下。

第一步,创建 People 类,定义基本变量,并设置有参与无参的构造方法,如示例代码

5-17 所示。

示例代码 5-17

```java
public class People
{
    String name;
    String sex;
    int age;
    // 无参的构造方法,并赋予初始值
    People()
    {
     name = " 孙莉 ";
     sex = " 女 ";
     age = 20;
    }
    // 有参的构造方法
    People(String name,String sex,int age)
    {
        this.name = name;
        this.sex = sex;
        this.age = age;
    }
    // 部分初始化
    People(String name)
    {
        this.name = name;
    }
    People(String name,int age)
    {
        this.name = name;
        this.age = age;
    }
}
```

第二步,在运行主函数中,将 People 类进行实例化,调用类中的参数方法,如示例代码 5-18 所示。

示例代码 5-18

```java
public static void main(String[] args)
{
    // 将 People 类实例化,并输出变量内容
    System.out.println("----- 默认参数值 -----");
    People p = new People();
    System.out.println(p.name);
    System.out.println(p.sex);
    System.out.println(p.age);
    // 通过有参构造方法,实例化 People 类并传入所有参数值
    System.out.println("----- 传入全部参数 -----");
    People p1 = new People(" 赵茜 "," 女 ",30);
    System.out.println(p1.name+","+p1.sex+","+p1.age);
    // 通过有参构造方法,实例化 People 类并传入姓名参数
    System.out.println("----- 只定义姓名 -----");
    People p2 = new People(" 周武 ");
    System.out.println(p2.name);
    // 通过有参构造方法,实例化 People 类并传入姓名与年龄
    System.out.println("----- 定义姓名与年龄 -----");
    People p3 = new People(" 郑旺 ",35);
    System.out.println(p3.name+","+p3.age);
}
```

第三步,运行此程序,结果如图 5-13 所示。

```
Problems  @ Javadoc  Declaration  Console
<terminated> Shoot [Java Application] C:\Program Files\Ja
-----默认参数值-----
孙莉
女
20
-----传入全部参数-----
赵茜, 女, 30
-----只定义姓名-----
周武
-----定义姓名与年龄-----
郑旺, 35
```

图 5-13 实例化对象并调用

任务二

编写一个 Java 类,该类可以以不同的方式获得指定的时间值,通过一个 display() 方法可将时间值输出。

项目五 面向对象的程序设计基础

第一步,创建一个 Time 类,用来保存一个时间值,时间包含时、分、秒,可以把它们作为 Time 类的属性,如示例代码 5-19 所示。

示例代码 5-19
```
class Time{
    private int hours;
    private int minutes;
    private int seconds;
}
```

第二步,分析题目"该类可以以不同的方式获得指定的时间值",可以想象一下现实生活中报时间的场景,可能会说"现在 3 点整"或者现在"3 点 10 分",亦或者"现在 3 点 10 分 15 秒"等等。当说 3 点整的时候通常意思是"3 点 0 分 0 秒",当说"3 点 10 分"时通常意思是"3 点 10 分 0 秒",可见做同一件事可以有不同的方式,那么 Time 类中也可以以不同的方式来给时、分、秒赋值,但使用相同的方法名 setTime,这就是方法的重载,这里给出三个重载的 setTime() 方法,如示例代码 5-20 所示。

示例代码 5-20
```
/* 如果时、分、秒都给出,则调用此方法 */
public void setTime(int h, int m, int s){
    hours=h;
    minutus=m;
    seconds=s;
}
/* 如果只给出时、分,则调用此方法 */
public void setTime(int h, int m){
    setTime(h,m,0);
}
/* 如果又给出小时,则调用此方法 */
public void setTime(int h){
    setTime(h,0);
}
```

第三步,分析题目"通过一个 display() 方法可将时间值输出",编写 dispay() 方法,如示例代码 5-21 所示。

示例代码 5-21
```
public void display(){
    System.out.println(hours+":"+ minutes+":"+ seconds);
}
```

第四步,Time 类的完整代码如示例代码 5-22 所示。

示例代码 5-22

```java
class Time{
    private int hours;
    private int minutes;
    private int seconds;
    /* 如果时、分、秒都给出,则调用此方法 */
    public void setTime(int h,int m,int s){
        hours=h;
        minutes=m;
        seconds=s;
    }
    /* 如果只给出时、分,则调用此方法 */
    public void setTime(int h,int m){
        setTime(h,m,0);
    }
    /* 如果只给出小时,则调用此方法 */
    public void setTime(int h){
        setTime(h,0);
    }
    public void display(){
        System.out.println(hours+":"+minutes+":"+seconds);
    }
}
```

第五步,编写一个包含 main() 方法的类 TimesTest,用于测试 Time 类,如示例代码 5-23 所示。

示例代码 5-23

```java
public class TimeTest {
    public static void main(String[] args){
        Time t=new Time();
        t.setTime(3, 10, 15);
        t.display();
        t.setTime(3, 10);
        t.display();
        t.setTime(3);
        t.display();
    }
}
```

第六步,使用 Eclipse 工具运行第五步的程序,运行结果如 5-14 所示。

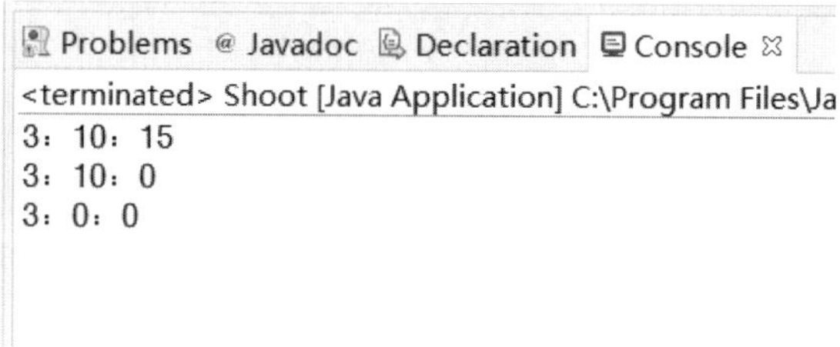

图 5-14 运行结果图

本项目通过对面向对象相关知识的讲解,使读者了解面向对象的特点,熟悉类和对象的基本概念,并对类和对象的创建方法和访问控制权限修饰符的使用方法有所了解并掌握,具备使用 Java 进行面向对象编程的能力。

class	类	extends	扩展
implements	实施	private	私有的
protected	受保护的	abstract	抽象的
final	最终的	static	静态的

一、选择题

1. 下列(　　)不属于面向对象特点。
A. 多态性　　　　B. 封装性　　　　C. 可扩展性　　　　D. 继承性
2. 一个 Java 程序至少要包含(　　)个类。
A. 1　　　　B. 2　　　　C. 3　　　　D. 4
3. 下列用于定义公有类的是(　　)。

A. protected　　　B. public　　　　C. public　　　　D. oneself

4. 权限修饰符有（　　）种。

A. 1　　　　　　　B. 2　　　　　　　C. 3　　　　　　　D. 4

5. 创建对象使用关键字（　　）。

A. class　　　　　B. new　　　　　　C. this　　　　　　D. extends

二、填空题

1. 面向对象把 Java 程序看成是各个对象的 _____ 。

2. 对象是面向对象建模的核心概念，对象就是程序所要反映的事物的 _____ 。

3. 面向对象的程序设计是以 _____ 为基础的。

4. 使用类编写程序体现了 Java 开发利用 _____ 来完成程序开发的原则。

5. 类中的变量反映了对象的 _____ ，而对象所具有的功能则由方法来描述。

项目六　面向对象继承与接口

通过"获取项目经理与程序员的工资信息"案例的实现,了解类的继承,熟悉抽象类与访问限定,掌握接口的定义与实现,具有编写 Java 应用程序获取工资信息的能力。在任务实现过程中:

● 了解类继承的相关概念;
● 熟悉抽象类的定义与访问限定;
● 掌握接口的定义、实现与继承;
● 具有获取工资信息的能力。

【情境导入】

在 Java 中,继承是一种类与类之间的关系,可以使用已经存在的类的定义作为基础创建新类,这个新类的定义可以增加新的数据或新的功能,也可以用父类的功能,但不能选择性地继承父类;而接口是一系列方法的声明,是一些方法特征的集合,一个接口只有方法的特征没有方法的实现,因此这些方法可以在不同的地方被不同的类实现,而这些不同的实现可以具有不同的功能。本项目通过对类的继承、抽象类、访问限定和接口的讲解,最终完成"获取项目经理与程序员的工资信息"案例。

课程思政:遵守规范,保护隐私

对于类的继承、抽象类、访问限定、接口都有正规化的定义,正如我们软件行业从业人员应遵循职业的行为准则和规范,需要自觉遵守中国软件行业基本公约;具有良好的知识产权保护观念和意识,自觉抵制各种违反知识产权保护法规的行为;自觉遵守企业规章制度与产品开发保密制度;遵守有关隐私信息的政策和规程,保护客户隐私。

【功能描述】

- 创建 Employee 抽象类;
- 创建 Coder 程序员类并继承于 Employee 抽象类;
- 创建 Manger 项目经理类并继承于 Employee 抽象类;
- 创建 Test 运行主函数类,输出两个类中的方法。

技能点一 类的继承

继承是 Java 程序可重用性的一种表现,新创建的类可以通过继承的方式从已有的类中吸收其非私有的属性和方法,并入到新类中。继承性是 Java 面向对象程序设计的重要属性,弥补了传统程序设计中对已经编写好的程序不能重复使用而造成的资源浪费的缺点,为重复利用已有程序的资源提供了一种新的途径。图 6-1 就是一个类的继承的示例。

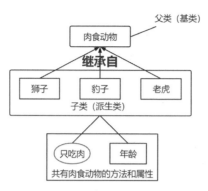

图 6-1 肉食动物类的继承

1. 基类与派生类

一个类中包含了若干成员，每个类的属性成员和成员方法都是不同的，但有时两个类的基本成员中可能存在部分相同的情况，如定义一个人类对象和一个学生对象，分别定义两类的变量信息和方法信息，如示例代码 6-1 和示例代码 6-2 所示。

示例代码 6-1

```
class People{
private String name;
private char sex;
private int age;
public People(String myName) {
    name = myName;
}
public void work() {
    System.out.println(name+" 在工作 ");
}
public void speak() {
    System.out.println(name+" 在讲话 ");
}
public void rest() {
    System.out.println(name+" 在休息 ");
}
}
```

示例代码 6-2
```java
class Student extends People{
    String name;
    int age;
    String sex;
    public Student(String myName) {
        super(myName);
        this.name = myName;
    }

    public void work() {
        System.out.println(name+" 在学生宿舍学习 ");
    }
    public void speak() {
        System.out.println(name+" 与教师讨论问题 ");
    }
}
```

可以轻易看出，People 类与 Student 类中的绝大部分属性和方法都是相同的，例如 Student 类中的姓名与年龄属性都是 People 类中已有的，当再将 People 类细化的话又会有 Teacher 类、Worker 类等，每一次细化都要重复编写这些相同的代码，那么当维护时又要到每一个类中去修改。

使用类的继承就可以解决这样的问题。当 Student 类继承了 People 类时，Student 类在创建时无须声明即可带有基类（父类）的属性与方法，而此时的 Student 类就成为 People 类的派生类（子类）。

2. 继承的使用

在 Java 中可以使用"extends"关键字来表示类与类的继承关系，extends 后表示的是父类。People 基类的属性信息如示例代码 6-3 所示。

示例代码 6-3
```java
class People{
private String name;
private char sex;
private int age;
public People(String myName) {
    name = myName;
}
public void work() {
    System.out.println(name+" 在工作 ");
```

```
}
public void speak() {
    System.out.println(name+" 在讲话 ");
}
public void rest() {
    System.out.println(name+" 在休息 ");
}
}
```

Student 类继承 People 类，如示例代码 6-4 所示。

示例代码 6-4

```
class Student extends People{
    // 使用 extends 关键字继承父类
    String name;
    int age;
    String sex;
    // Student 类继承了 People 类中的属性和方法
    public Student(String myName) {
        super(myName);
        this.name = myName;
    }
}
```

此时 Student 类就具有了 People 类的属性与方法，尽管没有显式的声明。

在 PeopleTest 类中创建入口方法，通过子类 Student 使用父类 People 中的方法，如示例代码 6-5 所示。

示例代码 6-5

```
public class PeopleTest {
    public static void main(String[] args) {
        Student s1 = new Student(" 张同学 ");
        s1.work();
        // 在控制台输出：张同学在工作
    }
}
```

在控制台中输出的结果如图 6-2 所示。

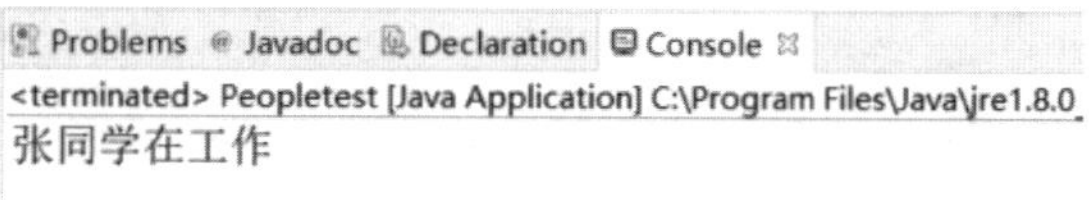

图 6-2　Student 继承了 People 的属性和方法

3. 方法的重写

子类继承父类后可以对父类中同名同参数的方法进行覆盖操作,有继承关系的覆盖操作就叫作方法的重写。当子类重写了父类中的方法后,通过子类调用父类中的同名同参数的方法时,实际执行的是子类重写后的方法。

例:在 Student 类中重写 People 类中的 work() 和 speak() 方法使其在执行时输出"张同学在学生宿舍学习"和"张同学与教师讨论问题"并调用父类方法 rest() 使其输出"张同学在休息"。

第一步,在 Student 类中重写 People 父类中 work() 和 speak() 方法,并应用构造方法,在创建 Student 对象时传入 name 值,如示例代码 6-6 所示。

示例代码 6-6

```java
class Student extends People{
    String name;
    int age;
    String sex;
    public Student(String myName) {
        super(myName);
        this.name = myName;
    }
    public void work() {
        System.out.println(name+" 在学生宿舍学习 ");
    }
    public void speak() {
        System.out.println(name+" 与教师讨论问题 ");
    }
}
```

第二步,在 PeopleTest 类中创建 Student 对象,传入 name 数值,并调用子类方法输出在控制台中。同时调用父类 People 类的方法 rest(),此方法在 Student 类中并没有被重写,则在 PeopleTest 类中调用的为父类的公共方法,如示例代码 6-7 所示。

示例代码 6-7

```java
public class PeopleTest {
    public static void main(String[] args) {
        Student s1 = new Student(" 张同学 ");
        s1.work();
        // 在控制台输出:张同学在学生宿舍学习
        s1.speak();
        // 在控制台输出:张同学与教师讨论问题
        s1.rest();
```

> // 调用父类 People 的公共方法 在控制台输出：张同学在休息
> }

第三步，在控制台中输出的结果如图 6-3 所示。

```
Problems  Javadoc  Declaration  Console
<terminated> Peopletest [Java Application] C:\Program Files\Java\
张同学在学生宿舍学习
张同学与教师讨论问题
张同学在休息
```

图 6-3　重写了 work() 和 speak() 方法

使用方法的重写时有以下规定。

1）子类重写的方法的方法名和参数列表都要与父类相同。

2）子类重写的方法的权限不能小于父类中被重写的那个方法的权限，且父类中 private 权限的方法不能被子类重写。

3）如果父类中被重写的方法返回值类型为 void 则子类中重写的方法返回值类型也必须是 void。如果父类中被重写的方法返回值类型为 A 类型，则子类中重写的方法的返回值类型也要是 A 类型或者 A 类型的子类。

4）如果子类重写了父类的方法后还需要使用父类的方法，可以通过"super. 父类方法名()"的方式调用父类中被重写的方法。

4. 多态性

多态可以理解为一个事物的多种状态。当具备了对象的多态性以后，在编译期只能调用父类中声明的方法，但在运行期执行的是子类重写父类的方法。使用多态性的前提是类之间为继承关系，父类的引用指向子类的对象并且方法进行了重写操作。

例：创建一个 Student 的引用指向 Monitor 对象并执行其方法。

第一步，创建 Student 类继承基类 People，如示例代码 6-8 所示。

示例代码 6-8

```java
class Student extends people{
    String name;
    int age;
    String sex;
    public Student(String myName) {
        super(myName);
        this.name = myName;
    }
    public void work() {
        System.out.println(name+" 在学生宿舍学习 ");
    }
    public void speak() {
        System.out.println(name+" 与教师讨论问题 ");
```

```
        }
    }
```

第二步,创建 Monitor 类继承 Student,并重写 speak() 方法,如示例代码 6-9 所示。

示例代码 6-9

```
public class Monitor extends Student{
    public Monitor(String myName) {
        super(myName);
    }
    public void speak() {
        System.out.println(name+" 和大家读书 ");
    }
}
```

第三步,创建 Student 的引用指向 Monitor 对象,并调用父类的方法,对应的是重写之后的子类方法,如示例代码 6-10 所示。

示例代码 6-10

```
public class PeopleTest {
    public static void main(String[] args) {
        Student s2 = new Monitor(" 张同学 ");
        // 创建 Student 的引用指向 Monitor 对象
        s2.speak();
        // 调用父类的方法,实际执行的是重写后的子类方法
    }
}
```

第四步,在控制台中输出的结果如图 6-4 所示。

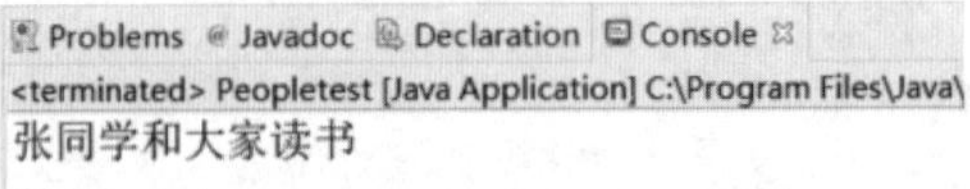

```
Problems  Javadoc  Declaration  Console
<terminated> Peopletest [Java Application] C:\Program Files\Java\
张同学和大家读书
```

图 6-4 利用多态性输出结果

技能点二　抽象类

每一个类都有许许多多不同的属性,如 People 类中有名字,年龄等,但是能在 People 类中提供的具体信息十分有限,因为对于一个 People 类来说,除了预先知道它固有的属性如名字、年龄外,其他的具体信息一无所知。例如 People 类中的 work() 方法,在 People 类中

就无法为该方法创建有意义的实现过程,比如具体是做什么工作。在面向对象的程序设计中,通常都需要有一个特别抽象的父类,这个父类只有大体上的形态而没有具体的内容,而继承这个的子类必须对父类的抽象形态进行内容的完善,这样的父类和继承自它的子类就叫作抽象类。

1. 抽象类的定义

定义抽象类的目的是提供可由子类共享的一般形式,这样子类就可以根据自身的需要扩展此抽象类。使用关键字"abstract"来声明抽象类。抽象类通常包含一个或多个抽象方法,当一个非抽象的子类继承该抽象类时,则必须重写父类中的所有抽象方法,声明抽象方法同样需要使用"abstract"关键字,格式如下所示。

```
abstract class 类名 {
    [ 权限修饰符 ] abstract 返回值类型 类名 ([ 参数列表 ]);
    // 抽象方法不需要写方法体
}
```

其中对抽象类的定义的说明(中括号"[]"中的格式可以省略)如下。

1) 抽象方法只能存在于抽象类中,当一个类有抽象方法,则这个类一定是抽象类。
2) 构造方法和被 static、final、private 修饰的方法不能声明为抽象方法。
3) 抽象类只能被继承而不能创建具体对象。
4) 抽象类中可以没有抽象方法,这样可以避免此类的实例化。

例:声明一个名为"Human"的抽象类并带有一个 speak() 抽象方法,如示例代码 6-11 所示。

示例代码 6-11

```
abstract class Human{
    String name;
    int age;
    public abstract void speak();
}
```

2. 抽象类的实现

当一个子类继承了一个抽象类之后就必须重写父类中的抽象方法,只有重写了所有的抽象方法后,子类才可以创建对象。

例:声明一个 Chinese 类,继承上例中的 Human 抽象类,并实现其中的抽象方法,如示例代码 6-12 和示例代码 6-13 所示。

示例代码 6-12

```
abstract class Human{
    String name;
    int age;
    public abstract void speak();
}
```

示例代码 6-13
```
class Chinese extends Human{
    public void speak() {   // 实现 Human 中的抽象方法
        System.out.println(" 我是中国人，我说中国话 ");
    }
}
```

在测试类中创建对象并调用该方法，在控制台中输出的结果如图 6-5 所示。

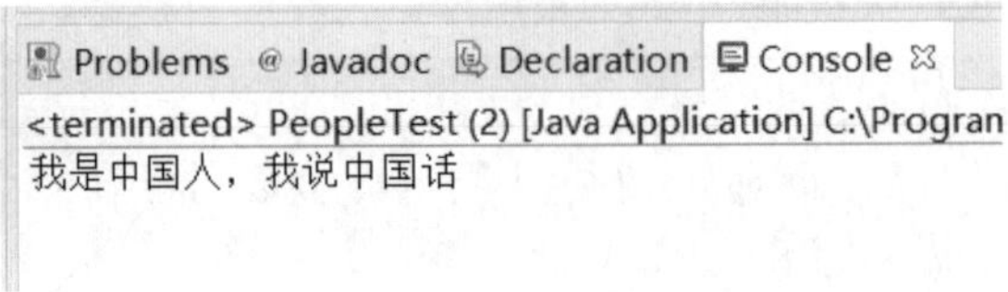

图 6-5　实现抽象类的方法

技能点三　访问限定

在之前介绍类、变量和方法的声明中都提到了访问限定符，访问限定符用于限制类、成员变量和方法被其他类访问的权限，当时只是介绍了其功能。在本节内容中有了包的概念之后，可以详细总结访问限定符的使用方法。

1. 包管理机制

在一个大型软件系统中需要编写数目众多的类，且一般情况下类又不可重名，于是 Java 提供了包管理机制。包是一种松散的类的集合，它将各种文件组织在一起，就像磁盘的文件夹一样。包管理机制提供了类的多层次命名空间，避免了命名冲突和组织管理问题。Java 中项目的组织结构如图 6-6 所示。

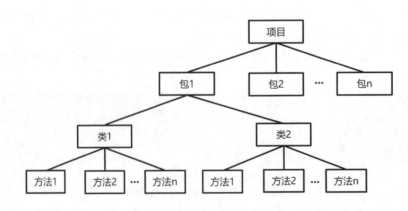

图 6-6　Java 中项目的组织结构

每一个 Java 类文件都应属于一个包,如果没有指定包名则会被系统默认为无名包。同一个包中的类可以相互引用,但不能被其他包中的 Java 程序引用。在 Eclipse 中创建一个包的步骤如下所示。

1)在需要创建包的项目上单击鼠标右键,弹出如图 6-7 所示的列表。

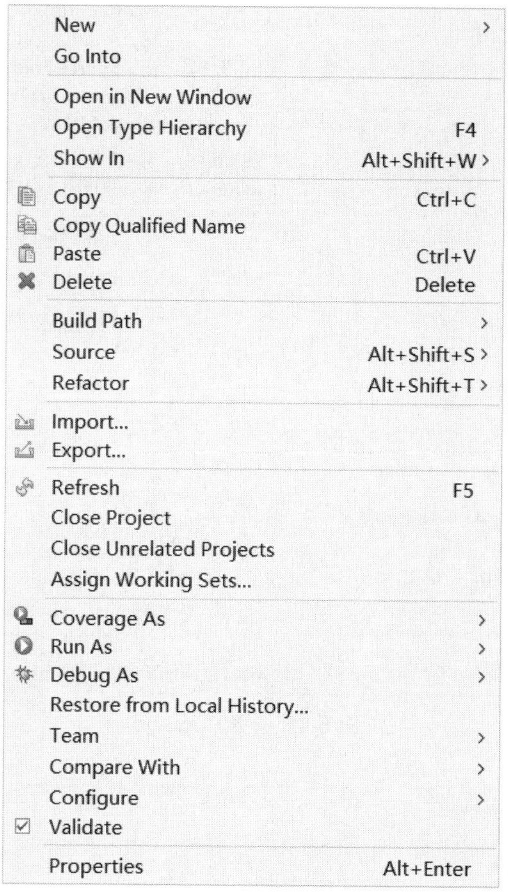

图 6-7 弹出的列表

2)选择 New 子选项中的 Package,如图 6-8 所示。

3)在弹出的窗口中给包命名,如图 6-9 所示。

至此,一个新包就创建完成了,在命名包时通常以"com.xxx"的形式命名,以便分类管理。

2. 访问限定符

在上一节中了解了包管理机制,现在结合包的概念,了解 Java 中类的成员的访问限定符。在 Java 中提供了 public、protected、默认和 private 四种访问修饰符。

(1) public 修饰符

public 声明的成员为公有成员,它构成了基类对象完全开放的接口,以 public 声明的属性和成员方法可以被任何类访问,包括其子类。

(2) protected 修饰符

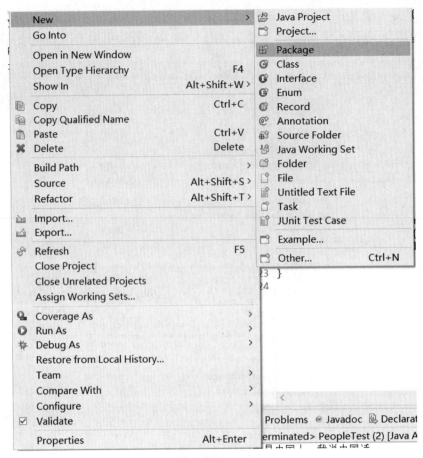

图 6-8　选择 Package

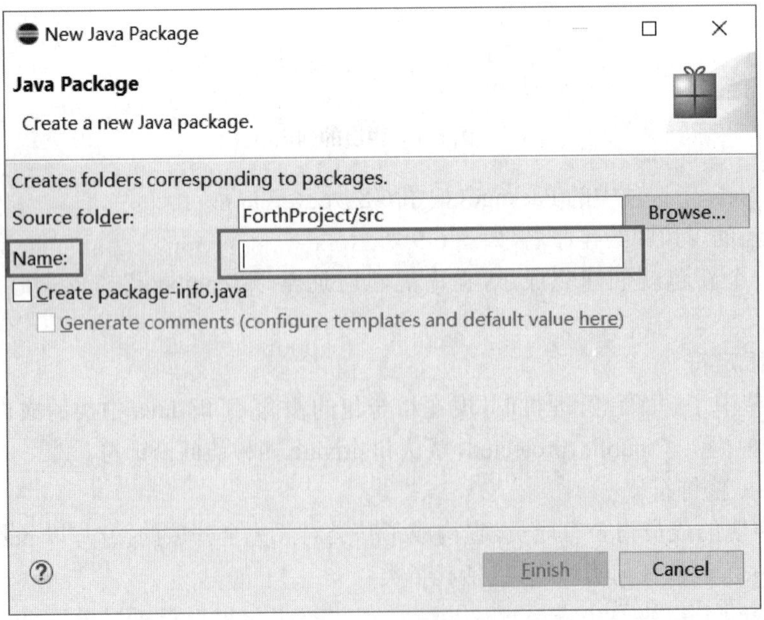

图 6-9　在 Name 栏中输入包名

protected 声明的成员为保护成员,在同一个包内的其他类可以直接访问,包外的类不能直接访问,但是 protected 声明的子类不管是不是在同一个包下,都可以直接访问父类的 protected 成员。如果希望类的属性或方法可以仅被其派生类继承并使用,可以将它声明为 protected。

(3) 默认声明

默认声明就是在声明属性或方法时没有提供访问限定符,这样的属性或方法的作用域为包级作用域,即在同一个包内的类可以访问,包外的类不可访问。

(4) private 修饰符

private 声明的成员为私有成员,只能在类的内部访问,类外部不可访问。

在编写一个类时,习惯上,为了隐藏和保护数据,通常会把部分属性和方法声明为私有的。如果不私有化属性的话,这个属性除了数据类型的限制,就没有任何限制了。当程序需要给变量限制条件时,需要私有化属性并创建返回属性数值和修改属性数据的方法,在修改属性数据的方法中就可以添加限制条件。封装性体现于类的属性私有化,同时提供公共的方法来获取和设置此属性的值。上述的四个访问限定符的权限从小到大依次为:private、默认、protected、public。它们的访问权限如表 6-1 所示。

表 6-1 限定符的权限

访问修饰符	可从自身访问	可从包内访问	可从包外派生类访问	可从包外访问
public	是	是	是	是
protected	是	是	是	是
默认	是	是	否	否
private	是	否	否	否

例:将 Chinese 类中的语言修改为私有的并提供 setLanguage(String laguage) 和 getLanguage() 方法以供 HumanTest 类使用。

第一步,创建抽象类 Human 和抽象方法 speak(),如示例代码 6-14 所示。

示例代码 6-14

```
abstract class Human {
    String name;
    int age;
    public abstract void speak();
}
```

第二步,在对应的 Chinese 类中,定义私有属性 language 以体现封装性,同时提供公共的方法 getLanguage() 和 setLanguage(String language) 来获取和设置此属性的值,如示例代码 6-15 所示。

示例代码 6-15

```java
class Chinese extends Human {
    private String language = " 中国话 ";
    public String getLanguage() {
        return language;
    }
    public void setLanguage(String language) {
        if (language == " 汉语 " || language == " 粤语 ") {
            this.language = language;
        } else {
            System.out.println(" 语言修改的不正确！");
        }
    }
    public void speak() {
        System.out.println(" 我是中国人,我可以说 " + language);
    }
}
```

第三步,在测试类中创建 Chinese 对象,调用对应方法获取信息,并显示在控制台中,如示例代码 6-16 所示。

示例代码 6-16

```java
public class HumanTest {
    public static void main(String[] args) {
        Chinese c1 = new Chinese();
        String lanString = c1.getLanguage();
        System.out.println(lanString);
        c1.speak();
        c1.setLanguage(" 汉语 ");
        String lanString2 = c1.getLanguage();
        System.out.println(lanString2);
        c1.speak();
    }
}
```

第四步,在控制台中输出的结果如图 6-10 所示。

图 6-10 访问限定符

技能点四　接口

在 Java 中的接口有概念性接口和接口类型两个含义。概念接口即指系统对外提供的所有服务,类的所有能被外部使用者访问的方法构成类的接口。接口类型用于明确描述系统对外的所有服务,能够更清晰地把系统的实现与接口分离。

1. 接口的定义

接口是一种特殊的抽象类,用接口定义一个类的表现形式,但接口不包含任何实现,因此可以用接口表明多个类需要实现的方法。由于接口中没有具体的实施细节,也就没有和存储空间的关联,所以可以将多个接口合并起来,由此达到多重继承的目的。

定义接口的结构与类相似,接口分为接口声明和接口体两部分。定义接口的一般格式如下。

```
[public] interface 接口名 [extends 父接口列表 ]  // 接口的声明
{ //接口体的开始
    数据类型 常量名 = 常数值 ; // 常量数据成员的声明与定义
    返回值类型 方法名 ([ 参数列表 ]) [thorw 异常列表]; // 声明抽象方法
} // 接口体结束
```

其中对接口的定义格式的说明(中括号"[]"中的格式可以省略)如下。

1)接口的访问限定符只有 public 或默认;
2)interface 是声明接口的关键字;
3)接口的命名必须符合标识符规定且接口名必须与文件名相同;
4)允许接口的多重继承,通过"extends 父接口列表"可以继承多个接口;
5)在接口体中定义的常量默认为"static final"修饰的,不需要显式声明;
6)在接口体中声明的方法默认为"abstract"的,不需要显式声明。

2. 接口的实现

接口的实现即是在实现接口的类中重写接口中给出的所有方法,书写方法体代码,完成方法规定的功能。定义实现接口类的一般格式如下。

```
[ 访问限定符 ] [ 修饰符 ] class 类名 [extends 父类名 ] implements 接口名列表
{ // 类体开始标志
[ 类的成员变量说明 ] // 属性说明
[ 类的构造方法定义 ]
[ 类的成员方法定义 ] // 行为定义
/* 重写接口方法 */
接口方法定义    // 实现接口方法
} // 类体结束标志
```

例：通过举例说明接口的实现：定义一个 USBTest 接口类后使用 Mouse、Keyboard 类实现 USBTest 接口类。

第一步，创建接口类 USBTest 并定义 open()、click() 和 close() 三个方法。如示例代码 6-17 所示。

示例代码 6-17

```java
public interface USBTest {
// 声明 USBTest 接口并定义行为
    void open();
    void click();
    void close();
}
```

第二步，创建 Mouse 类，并实现接口 USBTest 中的方法，如示例代码 6-18 所示。

示例代码 6-18

```java
class Mouse implements USBTest{
// 实现接口 USBTest
    @Override
    public void open() {
        System.out.println(" 鼠标启动了！");
    }
    @Override
    public void click() {
        System.out.println(" 鼠标点击 ");
    }
    @Override
    public void close() {
        System.out.println(" 鼠标关闭了！");
    }
}
```

第三步,创建 Keyboard 类,并实现接口 USBTest 中的方法,如示例代码 6-19 所示。

示例代码 6-19

```java
class Keyboard implements USBTest{
// 实现接口 USBTest
    @Override
    public void open() {
        System.out.println(" 键盘开启了！");
    }
    @Override
    public void click() {
        System.out.println(" 键盘敲击 ");
    }
    @Override
    public void close() {
        System.out.println(" 键盘关闭了！");
    }
}
```

第四步,创建测试类 USBImpleTest 并实例化 Mouse 类和 Keyboard 类,并实现各自的方法,如示例代码 6-20 所示。

示例代码 6-20

```java
public class USBImpleTest {
    public static void main(String[] args) {
        Mouse m1 = new Mouse();
        m1.click();
        Keyboard k1 = new Keyboard();
        k1.click();
    }
}
```

第五步,运行测试类。在程序中,实现了接口 USBTest 中的 click() 方法。对于其他的有 USB 设备的类都可以参照 USBTest 接口中的方法实现,所以接口也被称为是类的一种规范,上述代码在控制台输出的结果如图 6-11 所示。

```
Problems  @ Javadoc  Declaration  Console
<terminated> PeopleTest (2) [Java Application] C:\Progra
鼠标点击
键盘敲击
```

图 6-11　实现接口

3. 接口的继承

一个类只能继承自一个父类,但可以实现多个接口。Java 通过使用接口的概念来取代其他语言中的多继承。与此同时,一个接口可以同时继承多个接口。因而,Java 中使用接口时是支持多继承的。

例:定义 BlueToothUSB 和 USBTest 两个接口并让 Mouse 和 Keyboard 类同时实现这两个接口。

第一步,创建 USBTest 和 BlueToothUSB 接口,如示例代码 6-21 和示例代码 6-22 所示。

示例代码 6-21

```java
public interface USBTest {
    void open();
    void click();
    void close();
}
```

示例代码 6-22

```java
public interface BlueToothUSB {
 void Electric();
 void Search();
}
```

第二步,在 Mouse 类中,实现 USBTest 和 BlueToothUSB 接口类,定义 ele 变量为当前电量并重写接口类方法,如示例代码 6-23 所示。

示例代码 6-23

```java
class Mouse implements USBTest,BlueToothUSB{
    int ele = 99;
    @Override
    public void open() {
        System.out.println(" 鼠标启动了!");
        
    }
    
    @Override
    public void click() {
        System.out.println(" 鼠标点击 ");
        
    }
    
    @Override
```

```
            public void close() {
                System.out.println(" 鼠标关闭了！");

            }

            @Override
            public void Electric() {
                System.out.println(" 当前电量为：" + ele);

            }

            @Override
            public void Search() {
                System.out.println(" 正在搜索蓝牙设备 ...");

            }
        }
```

第三步，在 Keyboard 类中，实现 USBTest 和 BlueToothUSB 接口类，定义 ele 变量为当前电量并重写接口类方法，如示例代码 6-24 所示。

示例代码 6-24

```
class Keyboard implements USBTest,BlueToothUSB{
    int ele = 49;
    @Override
    public void open() {
        System.out.println(" 键盘开启了！");
    }
    @Override
    public void click() {
        System.out.println(" 键盘敲击 ");
    }
    @Override
    public void close() {
        System.out.println(" 键盘关闭了！");
    }
    @Override
    public void Electric() {
        System.out.println(" 当前电量为：" + ele);
```

```
    }
    @Override
    public void Search() {
        System.out.println(" 正在搜索蓝牙设备 ...");
    }
}
```

第四步,编写 USBImpleTest 测试类,创建对象并调用其获取电量的方法 Electric(),如示例代码 6-25 所示。

示例代码 6-25

```
public class USBImpleTest {
    public static void main(String[] args) {
        Mouse m1 = new Mouse();
        m1.Electric();
        Keyboard k1 = new Keyboard();
        k1.Electric();
    }
}
```

第五步,运行程序,在控制台中输出的结果如图 6-12 所示。

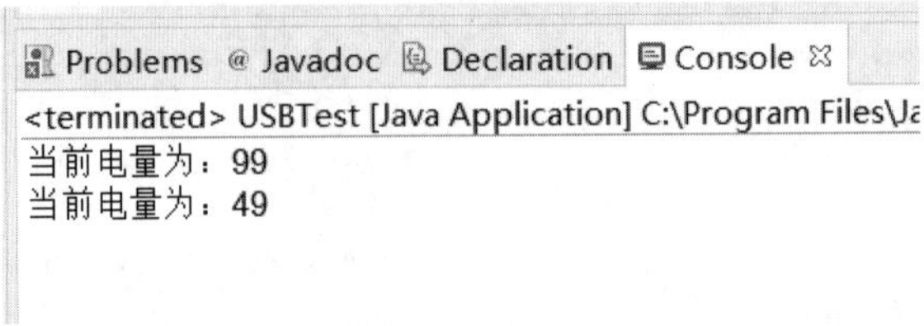

图 6-12 接口的多继承

任务实施

通过以上内容的学习,本任务将通过实现"获取项目经理与程序员的工资信息"案例来巩固 Java 继承关系、抽象关系的使用。在此案例中,项目经理与程序员的共同变量为姓名、工号、工资,共同方法为工作。项目经理比程序员多出一项奖金的输出。实现此程序的具体操作步骤如下。

第一步,在 Eclipse 中创建 Employee 抽象类,声明共同变量为姓名、工号、工资,声明方法为工作,如示例代码 6-26 所示。

示例代码 6-26

```java
public abstract class Employee {
    // 创建姓名、工号、工资变量
    private String name;
    private String id;
    private double money;
    // 创建有参构造方法
    public Employee(String name, String id,double money) {
        this.name = name;
        this.id = id;
        this.money = money;
    }

    // 声明 get、set 方法
    public String getName() {
        return name;
    }
    public void setName(String name) {
        this.name = name;
    }
    public String getId() {
        return id;
    }
    public void setId(String id) {
        this.id = id;
    }
    public double getMoney() {
        return money;
    }
    public void setMoney(double money) {
        this.money = money;
    }
    // 定义工作方法
    public abstract void work();
}
```

第二步，创建 Coder 程序员类并继承于 Employee 抽象类，编写程序员对应的工作方法，如示例代码 6-27 所示。

示例代码 6-27
```java
public class Coder extends Employee{
    public Coder(String name, String id, double money) {
        super(name,id,money);
    }
    // 姓名为：张三，工号为：9527, 工资为：10000.0 元的程序员正在编写代码
    @Override
    public void work() {
        // TODO Auto-generated method stub
        System.out.println(" 姓名为：" + super.getName()+ ","
                +" 工号为：" + super.getId() +", 工资为："
                + super.getMoney() +" 元的程序员正在编写代码 ");
    }
}
```

第三步，创建 Manger 项目经理类并继承于 Employee 抽象类，编写项目经理对应变量与工作方法，如示例代码 6-28 所示。

示例代码 6-28
```java
public class Manger extends Employee{
    private double jangJiN;
    public Manger(String name, String id, double money, double jangJin) {
        super(name, id, money);
        this.jangJiN = jangJin;
    }
    public double getJangJiN() {
        return jangJiN;
    }
    public void setJangJiN(double jangJiN) {
        this.jangJiN = jangJiN;
    }
    @Override
    public void work() {
        // TODO Auto-generated method stub
        System.out.println(" 姓名为：" + super.getName()+ ", 工号为："
                + super.getId() +", 工资为："+ super.getMoney()+" 奖金为："
                +this.getJangJiN() +" 元的项目经理正在管理程序员写代码 ");
    }
}
```

第四步,创建 Test 类运行主函数类,调用两个类中的方法,如示例代码 6-29 所示。

示例代码 6-29

```
public class Test {
    public static void main(String[] args) {
        // 传入项目经理的信息
        Manger manger = new Manger(" 吴贵 ", "A01", 15000.0, 2000.0);
        manger.work();
        // 传入员工的信息
        Coder coder = new Coder(" 张鑫 ", "B01", 5000.0);
        coder.work();
    }
}
```

第五步,运行此程序,结果如图 6-13 所示。

```
Problems  @ Javadoc  Declaration  Console
<terminated> Demo [Java Application] C:\Program Files\Java\jre1.8.0_271\bin\javaw.exe (2020-11-27 9:37:2
姓名为：吴贵,工号为：A01,工资为：15000.0 奖金为：2000.0元的项目经理正在管理管理员写代码
姓名为：张鑫,工号为：B01,工资为：5000.0元的程序员正在编写代码
```

图 6-13 项目经理与程序员工资信息输出

本项目通过对类继承、抽象类、访问限定以及接口等相关内容的讲解,使读者了解类的继承,熟悉抽象类的定义,并对访问限定符的使用以及接口的定义和继承有所了解并掌握,具备获取项目经理与程序员的工资信息的能力。

implement	实施	monitor	监视器
speak	说话	interface	接口
throw	抛出	override	覆盖

一、选择题

1. 在 Java 中可以使用（　　）关键字来表示类与类的继承关系。
   A. extends B. inherit C. succeed D. accede
2. 有继承关系的覆盖操作被叫作方法的（　　）。
   A. 继承 B. 更新 C. 重构 D. 重写
3. Java 中使用关键字（　　）来声明抽象类。
   A. protected B. abstract C. new D. class
4. 包是一种（　　）的类的集合，它将各种文件组织在一起，就像磁盘的文件夹一样。
   A. 紧密 B. 稀疏 C. 密集 D. 松散
5. 接口分为（　　）个部分。
   A. 1 B. 2 C. 3 D. 4

二、填空题

1. 继承是软件 _____ 的一种表现。
2. 新类可以通过继承，从 _____ 的类中吸收其 _____ 和 _____，产生新类所需的功能。
3. 子类继承父类后可以对父类中同名同参数的方法进行 _____ 操作。
4. 在一个大型软件系统中需要编写数目众多的类，且类又不可重名，于是 Java 提供了 _____ 机制。
5. 包管理机制提供了类的 _____，避免了命名冲突和组织管理问题。

项目七　异常处理

通过"自定义网络异常并捕获"案例的实现,了解 Java 异常及异常处理机制,熟悉 try...catch...finally 的使用方法,掌握自定义异常的创建及使用,具有发现 Java 程序异常并处理的能力。在任务实现过程中:

● 了解常见 Java 异常及处理机制;
● 熟悉 try...catch...finally 方法的使用;
● 掌握自定义异常的创建和使用;
● 具有发现异常并处理的能力。

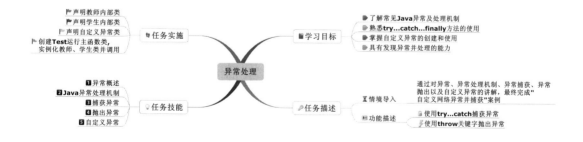

【情境导入】

错误在程序的编写过程中经常出现,包括编译期间和运行期间的错误,在编译期间出现的错误有编译器帮助提示和修正,而运行期间的错误便不是编译器力所能及的了,并且运行期间的错误往往是难以预料的。假若程序在运行期间出现了错误,如果置之不理,程序便会终止或直接导致系统崩溃。因此,本项目将通过对异常、异常处理机制、异常捕获、异常抛出以及自定义异常的讲解,最终完成"自定义网络异常并捕获"案例。

课程思政:积累经验,不断成长

软件开发的过程中难免会出现错误,异常处理机制就是给开发人员提供准确的异常位置以及错误原因,作为软件从业人员要积极面对异常错误,这些错误都是工作中宝贵的经验,书本上提供的各类知识远不如实践过程中的积累,只有将所学知识与经验结合起来,才能有所成长。

【功能描述】

- 使用 try...catch 捕获异常;
- 使用 throw 关键字抛出异常。

技能点一　异常概述

程序运行时,发生的不被期望的事件阻止了程序按照程序员的预期正常执行,这就是异常。一些异常是由于用户的操作引起的,而有一些是由程序中的 bug 和物理错误引起的。Java 中的异常可以是函数中的语句执行时引发的,也可以是程序员通过 throw 语句手动抛出的,只要在 Java 程序中产生了异常,就会有一个对应类型的异常对象来封装异常,JRE 就会试图寻找异常处理程序来处理异常。Java 异常类层次结构如图 7-1 所示。

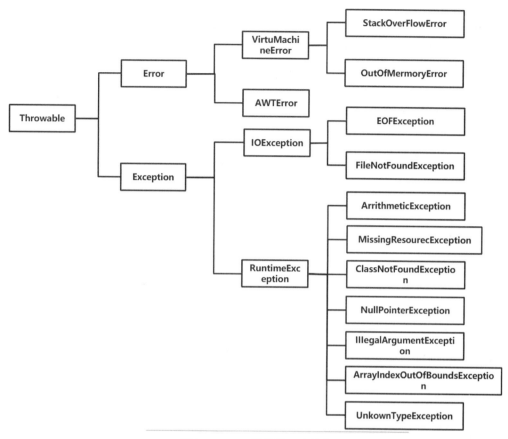

图 7-1 Java 异常类层次结构图

1. Java 异常

在 Java 中，Throwable 是最大的一个异常类，其余所有异常都属于这个类的子类，它有 Exception 和 Error 两个子类。其中 Exception 是所有可处理异常的父类，Error 是所有错误的父类，所有 Java 的虚拟机无法处理的严重问题都继承自它。Java 中常见的异常类如表 7-1 所示。

表 7-1 常见异常类

异常类	说明
ClassCastException	类型转换异常类
ClassNotFoundException	未找到相应类异常
ArithmeticException	算术异常类
ArrayIndexOutOfBoundsException	数组下标越界异常类
ArrayStoreException	数组中包含不兼容的值抛出的异常
SQLException	操作数据库异常类
NullPointerException	空指针异常

异常类	说明
NoSuchFieldException	字段为找到异常
NoSuchMethodException	方法未找到抛出的异常
NumberFormatException	字符串转换为数字抛出的异常
NegativeArraySizeException	数组元素个数为负数抛出的异常
StringIndexOutOfBoundsException	字符串索引超出范围抛出的异常
IOException	输入输出异常类
IllegalAccessException	不允许访问某类异常
InstantiationException	当应用程序试图使用 Class 类中的 newInstance() 方法创建一个类的实例,而指定的类对象无法被实例化时,抛出该异常
EOFException	文件已结束异常
FileNotFoundException	文件未找到异常

2. Error 错误

错误是脱离程序员控制的异常,它常常在代码编译中被忽略。当栈溢出时,就会有一个错误发生,但是在编译时是检查不出来的,这时的错误就是 Error 错误,如示例代码 7-1 所示。

示例代码 7-1

```java
public class ErrorTest {
    public static void main(String[] args) {
        // 下行代码将报出栈溢出 :java.lang.StackOverflowError 错误
        main(args);
        // 下行代码将报出堆溢出 :java.lang.OutOfMemoryError 错误
        Integer[] arr = new Integer[1024*1024*1024];
    }
}
```

在控制台中输出的错误如图 7-2 和图 7-3 所示。

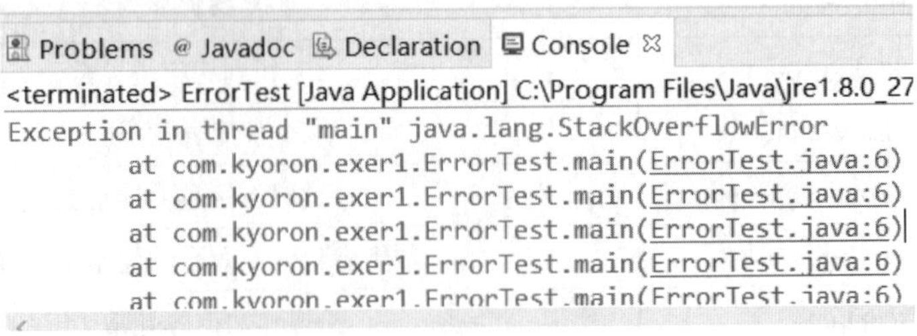

图 7-2 栈溢出错误

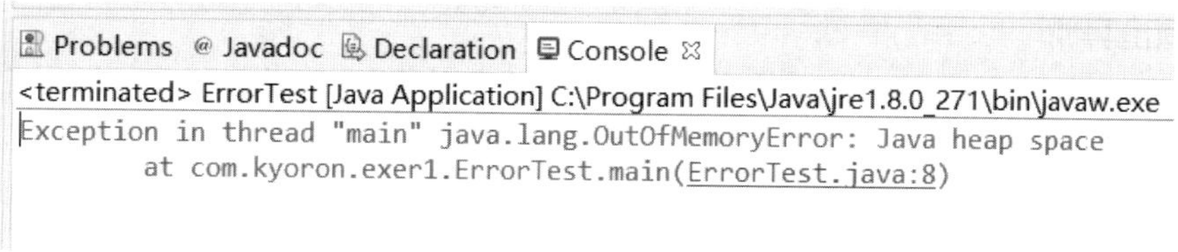

图 7-3　堆溢出错误

3. Exception 的分类

Exception 分为两大类：运行时异常与非运行时异常（编译异常），在编写程序时应尽可能避免这些异常。

（1）运行时异常

运行时异常都属于 RuntimeException 类，如空指针异常和下标越界等，这些异常属于不检查异常，在程序中可以捕获处理，同样也可以不处理。这类异常大部分都是由于逻辑错误引起的，需要在程序的逻辑层面避免。

Java 编译器不检查这类异常，当程序中出现这类异常时，即使没有使用语句捕获它，程序也依然会编译通过。RuntimeException 异常的种类如表 7-2 所示。

表 7-2　RuntimeException 异常的种类

RuntimeException 异常的种类	说明
NullPointerException	空指针异常类
ArrayIndexOutOfBoundsException	数组下标越界异常
ArithmeticException	算术异常类
ArrayStoreException	数组中包含不兼容的值抛出的异常
IllegalArgumentException	非法参数异常
SecurityException	安全性异常
NegativeArraySizeException	数组长度为负异常

（2）非运行时异常

RuntimeException 以外的异常都属于非运行时异常，也叫编译异常。如果对这类异常不做处理的话，那么在 Java 编译阶段就会报错。

技能点二　Java 异常处理机制

异常处理机制能让程序在异常发生时，按照代码预先设定的异常处理逻辑，有针对性地处理异常，让程序尽最大可能恢复正常并继续执行，且保持代码清晰。在 Java 中，异常处理分为抛出异常和捕获异常。

1. 抛出异常

当一个方法出现错误引发异常时,方法创建异常对象并交付运行时系统,异常对象中包含了异常类型和异常出现时的程序状态等异常信息。运行时系统负责寻找处置异常的代码并执行。

2. 捕获异常

在方法抛出异常之后,运行时系统将转为寻找合适的异常处理器(Exception Handler)。异常处理器的本质是在异常发生时依次存留在调用栈中的方法的集合。当异常处理器所能处理的异常类型与方法抛出的异常类型相符时,即为合适的异常处理器。运行时系统从发生异常的方法开始,依次调用栈中的方法,直至找到含有合适异常处理器的方法并执行。当运行时系统遍历调用栈而未找到合适的异常处理器时,运行时系统终止,也意味着 Java 程序终止。

捕获异常通过 try...catch 语句或者 try...catch...finally 语句实现。对于运行时异常、错误或可查异常,Java 技术所要求的异常处理方式有所不同。Java 异常处理的完整流程如图 7-4 所示。

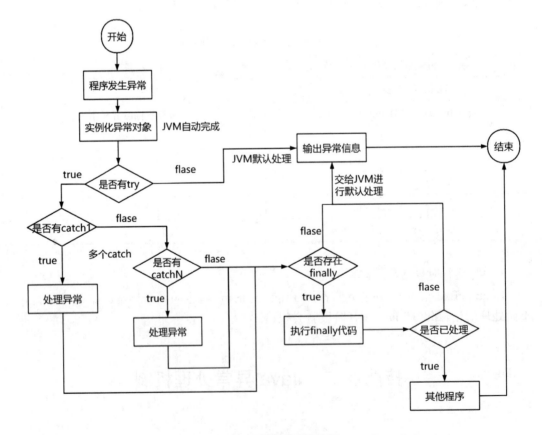

图 7-4 异常处理完整流程

技能点三 捕获异常

1. try...catch 语句

在 Java 中,如果使用 if...else 语句来检测是否有异常发生,会让程序代码的可读性变差。因此 Java 提供了 try...catch 语句捕获异常,try...catch 语句会将处理异常的代码集中在一起并与正常的代码分开,同时这两个语句必须同时使用,其一般语法形式如下。

```
try {
    // 可能会发生异常的程序代码
} catch( 异常类型 Type1 异常的变量名 id1){
    // 捕获并处置 try 抛出的异常类型 Type1
} catch( 异常类型 Type2 异常的变量名 id2){
    // 捕获并处置 try 抛出的异常类型 Type2
}
```

当 try 语句块中的代码出现异常时,会抛出这个异常对象,随后交由 catch 语句捕获这个异常对象与自己的异常对象类型相匹配,若匹配成功,则执行对应的 catch 语句中的代码,并把 catch 参数中的变量指向这个异常对象,最后 try...catch 语句结束。

例:在主函数中捕获 throw 语句抛出的"除数为 0"异常并在捕获到异常之后输出提示,如示例代码 7-2 所示。

示例代码 7-2

```java
public class ExceptionTest {
    public static void main(String[] args) {
        int a = 6;
        int b = 0;
        try {
            // try 监控区域
            if (b == 0)throw new ArithmeticException();
            System.out.printf("a/b 的值是:", a / b);

        } catch (ArithmeticException e) {
            System.out.println(" 程序出现异常,变量 b 不能为 0。");
        }
        System.out.print(" 程序正常结束。");
    }
}
```

在控制台中输出的结果如图 7-5 所示。

```
Problems  @ Javadoc  Declaration  Console
<terminated> ExceptionTest [Java Application] C:\Progra
程序出现异常，变量b不能为0。
程序正常结束。
```

图 7-5　异常处理

2. try...catch...finally 语句

try...catch 语句还可以包括第三部分，就是 finally 子句，这个语句块总是会在方法返回前执行，而不管 try 语句块是否会发生异常，其目的是给程序一个补救的机会。这样做也体现了 Java 语言的健壮性。try...catch...finally 语句的一般语法格式如下。

```
try {
    // 可能会发生异常的程序代码
} catch (Type1 id1) {
    // 捕获并处理 try 抛出的异常类型 Type
} finally {
    // 无论是否发生异常，都将执行的语句块
}
```

其中对 try...catch...finally 的定义格式的说明如下。

1）try 块：用于捕获异常，其后可接零个或多个 catch 块，如果没有 catch 块，则必须跟一个 finally 块。

2）catch 块：用于处理 try 捕获到的异常。

3）finally 块：无论是否捕获或处理异常，finally 块里的语句都会被执行。当在 try 块或 catch 块中遇到 return 语句时，finally 语句块将在方法返回之前被执行。在以下四种情况下，finally 块不会被执行：①在 finally 语句块中发生了异常；②在前面的代码中使用了 System.exit() 语句退出程序；③程序所在的线程死亡；④关闭 CPU。

例：声明一个只有两个元素的数组，当代码试图访问数组的第三个元素时就抛出一个异常，并在抛出后输出异常处理结束，如示例代码 7-3 所示。

示例代码 7-3

```java
public class ExceptTest {
    public static void main(String args[]){
        try{
            int a[] = new int[2];
            System.out.println(" 第三个元素是 :" + a[3]);
        }catch(ArrayIndexOutOfBoundsException e){
            System.out.println(" 抛出异常 :" + e);
```

```
        }finally {
            System.out.println(" 异常处理结束 ");
        }
    }
}
```

在控制台中输出的结果如图 7-6 所示。

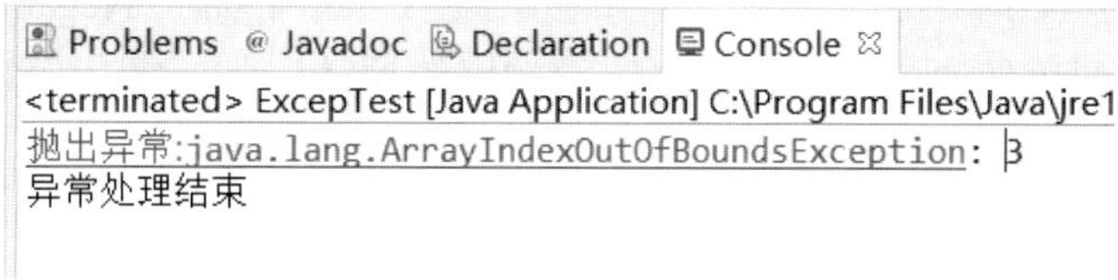

```
Problems  @ Javadoc  Declaration  Console ⊠
<terminated> ExcepTest [Java Application] C:\Program Files\Java\jre1
抛出异常:java.lang.ArrayIndexOutOfBoundsException: 3
异常处理结束
```

图 7-6 try...catch...finally 语句

技能点四 抛出异常

在方法中发生异常的时候不能或不想在当前这个方法中处理此异常时,就可以使用 throw 或 throws 关键字将异常抛出。例如,当驾驶员行驶在路面上时,车子发生故障,就需要找到专门的维修人员进行车子的维修。

1. 使用 throws 关键字抛出异常

throws 关键字通常在声明方法的时候使用,它主要用来指定该方法可能会抛出的异常,当该方法可能会抛出多个异常时,将各个异常使用逗号分隔。使用方法如下所示。

```
public void throwsTest() throws NegativeArraySizeException{
} // 该方法会抛出一个 NegativeArraySizeException 异常
```

当使用 throws 关键字将异常抛出给上一级之后,如果上一级也不想处理该异常,可以继续向上抛出异常,不过最上面的一层一定要有能够处理该异常的代码,否则程序将会停止运行。

例:创建一个方法,使用 throws 关键字抛出异常并在主函数中调用该方法并解决抛出的异常。

第一步,在项目中创建一个名为"Shoot"的类,在该类中创建一个名为"pop"并抛出异常"NegativeArraySizeException"的方法,如示例代码 7-4 所示。

示例代码 7-4

```java
public class Shoot {
    public static void throwsTest() throws NegativeArraySizeException {
    }
}
```

第二步，在 pop() 方法中写入语句 "int [] arr = new int[-3];"，并在主函数中的 "try...catch" 语句的 try 语句块中调用 pop() 方法，在 catch 中捕获 NegativeArraySizeException 异常，并在 catch 语句块中输出 "pop() 方法抛出的异常"，如示例代码 7-5 所示。

示例代码 7-5

```java
public static void main(String[] args) {
    try {
        pop();
    } catch (NegativeArraySizeException e) {
        // 输出异常信息
        System.out.println("pop() 方法抛出的异常 ");
    }
}
public static void pop() throws NegativeArraySizeException {
    int [] arr = new int[-3];
}
```

完整代码如示例代码 7-6 所示。

示例代码 7-6

```java
public class Shoot {
    public static void main(String[] args) {
        try {
            pop();
        } catch (NegativeArraySizeException e) {
            // 输出异常信息
            System.out.println("pop() 方法抛出的异常 ");
        }
    }
    public static void pop() throws NegativeArraySizeException {
        int [] arr = new int[-3];
    }
}
```

在控制台中输出的结果如图 7-7 所示。

图 7-7 throws 关键字

2. 使用 throw 关键字抛出异常

throw 关键字会抛出一个异常对象，在程序执行到 throw 语句时立即停止执行，throw 语句后的语句都不执行。throw 关键字通常用在方法体内部，如果想让 throw 关键字抛出的异常也在上一级的代码中捕获处理，则需要再使用 throws 关键字在方法声明时就指出要抛出的异常。throw 关键字的使用方法如下所示。

```
throw new NullPointerException(" 指针为空 ");
// 在控制台中输出一个空指针异常并输出提示 " 指针为空 "
```

例：在 main() 方法中设定一个异常关系，然后再调用 demoproc() 方法。在 demoproc() 方法中设定另一个异常关系并且抛出一个新的 NullPointerException 实例，NullPointerException 在下一行被捕获，于是异常会再被抛出一次，如示例代码 7-7 所示。

示例代码 7-7

```java
public class Shoot {
    public static void main(String[] args) {
        try {
            demoproc();
        } catch (NullPointerException e) {
            System.out.println(" 在主方法种捕获异常:" + e);
        }
    }
    static void demoproc() {
        try {
            throw new NullPointerException(" 方法内部测试 ");
        } catch (NullPointerException e) {
            System.out.println(" 在方法内部捕获异常 ");
            throw e;
        }
    }
}
```

在控制台中输出的结果如图 7-8 所示。

```
Problems  @ Javadoc  Declaration  Console ⊠
<terminated> Shoot [Java Application] C:\Program Files\Java\jre1.8.0_271\bin\ja
在方法内部捕获异常
在主方法种捕获异常: java.lang.NullPointerException: 方法内部测试
```

图 7-8 throw 关键字

技能点五 自定义异常

尽管 Java 提供的异常类已经可以处理在编程中出现的大部分异常情况,但是仍需要除此之外的异常类来处理一些不常见的情况。Java 提供了自定义异常的方法,通过自定义异常,即可在特性各不相同的程序中抛出与需求相匹配的异常。

1. 创建自定义异常

创建自定义异常与创建一个类的格式基本相同,不过自定义的异常需要继承自 Exception 或者 Exception 的子类。创建一个自定义异常的方式如下所示。

```
public class MyException1 extends Exception{
    // 创建了一个名为 "MyException1" 的自定义异常,继承自 Exception
}
public class MyException2 extends IOException{
    // 创建了一个名为 "MyException2" 的自定义异常,继承自 IOException
}
```

2. 使用自定义异常

创建好自定义异常后,即可在方法声明时或方法体内部抛出这个自定义的异常。

例:在实际的程序中抛出自定义异常并作出相应处理。

第一步,在项目中创建一个名为"Tran"的类,在该类中创建一个名为"avg"并且带有"int number1"与"int number2"两个参数,返回值为 int 型的方法,如示例代码 7-8 所示。

示例代码 7-8

```
public class Tran {
    public static void main(String[] args) {
    }
    static int avg(int number1, int number2){
    }
}
```

第二步,新创建一个名为"MyException"的自定义异常,并使其继承"Exception"类,在该类中生成一个参数为字符串类型的构造方法,构造方法的方法体为"super(string)",如示例代码 7-9 所示。

示例代码 7-9

```
public class MyException extends Exception {
    public MyException(String string) {
        super(string);
    }
}
```

第三步，在 avg() 方法中添加判断，判断参数是否小于 0 或者大于 100，如果参数小于 0 或者大于 100，则通过 throw 关键字抛出一个 MyException 异常。给该方法添加返回值为"(number1 + number2) / 2"，如示例代码 7-10 所示。

示例代码 7-10

```
static int avg(int number1, int number2) throws MyException{
    if (number1<0 || number2<0) {
        throw new MyException(" 不可以使用负数作为参数 ");
    }
    if (number1>100 || number2>100) {
        throw new MyException(" 数值太大了 ");
    }
    return (number1 + number2)/2;
}
```

第四步，在主函数中调用 avg() 方法，捕获抛出的异常并处理，如示例代码 7-11 所示。

示例代码 7-11

```
public static void main(String[] args) {
    try {
        int result =avg(102, 150);
        System.out.println(result);
    } catch (MyException e) {
        System.out.println(e);
    }
}
```

完整代码如示例代码 7-12 所示。

示例代码 7-12

```
package com.hohoho;

public class Tran {    // 创建类
```

```java
public static void main(String[] args) { // 主方法
    try { // 处理可能出现异常的代码块
        int result =avg(102, 150); // 调用 avg() 方法
        System.out.println(result); // 将 avg() 方法的返回值输出
    } catch (MyException e) {
        System.out.println(e); // 输出异常信息
    }
}
public static class MyException extends Exception { // 创建自定义异常

    public MyException(String string) { // 构造方法
        super(string); // 父类构造方法
    }

}
public static int avg(int number1, int number2) throws MyException{
    if (number1<0 || number2<0) { // 判断方法参数是否满足条件
        throw new MyException(" 不可以使用负数作为参数 "); // 输出错误信息
    }
    if (number1>100 || number2>100) { // 判断方法参数是否满足条件
        throw new MyException(" 数值太大了 "); // 输出错误信息
    }
    return (number1 + number2)/2; // 将结果返回
}
}
```

在控制台中输出的结果如图 7-9 所示。

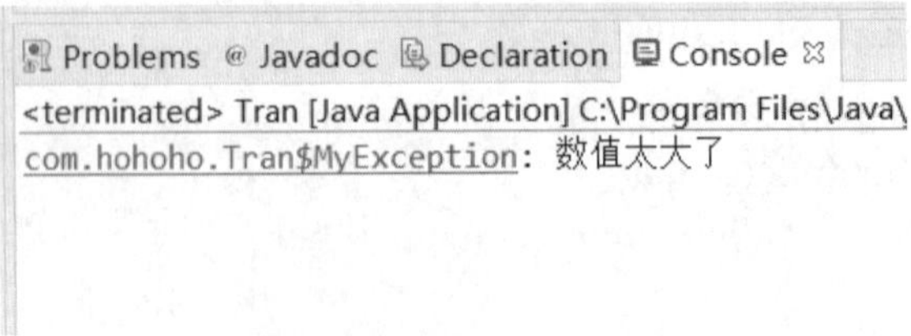

图 7-9 自定义异常

通过以上内容的讲解,本任务将通过实现"自定义网络异常并捕获"案例来巩固 Java 异常的使用。在此案例中,声明上课期间网络异常信息,并对其进行捕获,具体操作步骤如下。

第一步,创建 Test 主函数类,并声明一个教师内部类,在此内部类中定义姓名变量以及教学方法,如示例代码 7-13 所示。

示例代码 7-13

```
// 创建教师内部类
class Teacher
{
    // 声明姓名变量
    private String name;
    // 声明 get、set 方法
    public String getName()
    {
        return name;
    }

    public void setName(String name)
    {
        this.name = name;
    }
    // 声明有参构造方法
    public Teacher(String name)
    {
        this.name = name;
    }

    // 声明教学方法
    public void teach(Student s) throws MyException
    {
        // 老师正在给学生上课 是一个持续的状态
        int i=0;
        while(true)
```

```java
            {
                System.out.println(this.name+" 正在给 "+s.getName()+" 上课 ");
                i++;
                try
                {
                    Thread.sleep(1000);
                    if(i==3)
                    {
                        // 在持续上课的过程中，有位学员的网络出现问题
                        // 抛出异常，请求老师帮助
                        throw new MyException(" 突然 "+s.getName()+" 说网络断了 ");
                    }
                }
                catch (InterruptedException e)
                {
                    e.printStackTrace();
                }
            }
        }
    }
```

第二步，声明一个学生内部类，在此类中定义姓名变量和对应方法，如示例代码 7-14 所示。

示例代码 7-14

```java
    // 创建学生内部类
    class Student
    {
        private String name;
        public Student(String name)
        {
            this.name = name;
        }
        public String getName()
        {
            return name;
        }
        public void setName(String name)
        {
```

```
            this.name = name;
        }
}
```

第三步,声明自定义异常类,定义信息变量和对应方法,如示例代码 7-15 所示。

示例代码 7-15
```
        // 声明自定义异常内部类
        class MyException extends Exception
        {
            private String message;
            public MyException(String message)
            {
                this.message = message;
            }
            public String getMessage()
            {
                return message;
            }
            public void setMessage(String message)
            {
                this.message = message;
            }
        }
```

第四步,在 Test 类中运行主函数,实例化教师类、学生类,并调用教学方法,如示例代码 7-16 所示。

示例代码 7-16
```
        public class Test {
            public static void main(String[] args) throws MyException
            {
                // 实列化一个老师
                Teacher t=new Teacher(" 张雯 ");
                // 实列化一个学生
                Student s=new Student(" 侯博 ");
                t.teach(s);
            }
        }
```

第五步，运行此程序，结果如图 7-10 所示。

```
张雯正在给 侯博 上课
张雯正在给 侯博 上课
张雯正在给 侯博 上课
Exception in thread "main" day01.MyException: 突然侯博说网络断了
        at day01.Teacher.teach(Test.java:46)
        at day01.Test.main(Test.java:14)
```

图 7-10　捕获自定义网络异常

本项目通过对异常相关操作的讲解，使读者了解异常及其处理机制，熟悉 try...catch 异常捕获语句与 throw、throws 关键字，并对异常的自定义及其使用方法有所了解并掌握，具备处理 Java 异常的能力。

exception	例外	error	错误
handler	处理器	try	尝试
catch	捕获	arithmetic	算术

一、选择题

1. Exception 分为（　　）大类。
   A. 1　　　　　　　B. 2　　　　　　　C. 3　　　　　　　D. 4
2. 以下哪种情况下（　　）finally 块会被执行。
   A. 在前面的代码中使用了 System.exit() 语句退出程序
   B. 程序所在的线程死亡
   C. 在 finally 语句块中发生了异常
   D. 开启 CPU

3. 下列用于定义公有类的是（　　）。
A. protected　　　　B. public　　　　　C. public　　　　　D. oneself
4. 权限修饰符有（　　）种。
A. 1　　　　　　　B. 2　　　　　　　C. 3　　　　　　　D. 4
5. 创建对象使用关键字（　　）。
A. class　　　　　　B. new　　　　　　C. this　　　　　　D. extends

二、填空题

1. 在 Java 中，_____ 是最大的一个异常类。
2. 异常处理分为 _____ 和 _____。
3. 捕获异常通过 _____ 语句或者 _____ 语句实现。
4. 当栈溢出时，就会有一个错误发生，但是在 _____ 时是检查不出来的。
5. 在方法抛出异常之后，运行时系统将转为寻找合适的 _____。

项目八 集合

通过本项目"发牌游戏"和"部门员工信息显示"案例的实现,了解 Java 集合的创建,熟悉 Collection 接口与 Iterator 接口的使用,掌握常用集合类的应用,具有独立创建 Java 集合并获取集合内容进行输出的能力。在任务实现过程中:

● 了解 Java 集合框架;
● 熟悉 Map 映射的用法;
● 掌握 Set 集合与 List 集合的使用;
● 具有使用集合类循环遍历的能力。

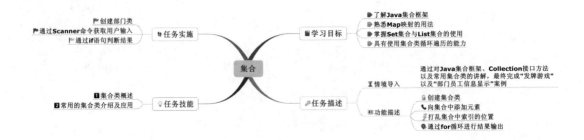

【情境导入】

Java 集合提供一组通用接口，可存储任意类型的对象，并且长度可变，可以实现常用的数据结构，如栈、队列。本项目通过对 Java 集合框架、Collection 接口方法以及常用集合类的讲解，最终完成"发牌游戏"和"部门员工信息显示"案例。

课程思政：沟通协作，发展共赢

Java 集合类是 Java 重要的内容，它允许以各种方式将元素分组，并定义了如何操作这些元素。分组合作完成各自的内容是十分重要的，可以增加效率，只有充分沟通交流、紧密协作，才能高质量完成任务。

【功能描述】

- 创建集合类；
- 向集合中添加元素；
- 打乱集合中索引的位置；
- 通过 for 循环进行结果输出。

技能点一　集合类概述

相较于数组来说，集合可以更加灵活地操作底层数据。数组一旦初始化，长度就确定了，且通过数组存储的元素不便进行添加、修改、删除操作，这个时候集合的作用就显现出来了。

1. 集合介绍

JDK 类库提供了 Java 集合用来存放某类对象，可在程序中存储和操作数目不固定的一组数据。在集合中存放的对象都会转换为 Object 类型，Object 类是所有类的父类，所以可以在这些集合中存放任何类而不受限制。集合分为 Collection 和 Map 两种体系，其框架体系如图 8-1 所示。

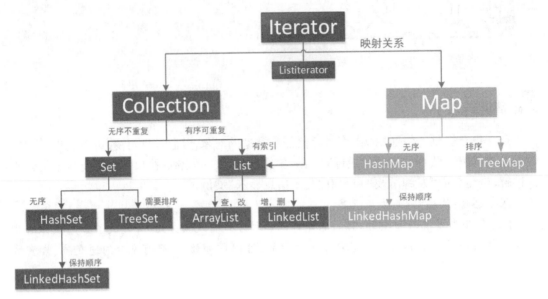

图 8-1　集合框架

2. Collection 接口与 Iterator 接口

（1）Collection 接口

Collection 是所有容器集合的父类接口，它定义了一套单列集合的接口。Collection 接口有 List、Set 和 Queue 三种子类型集合，再下面是一些抽象类，最后是具体实现类，常用的有 HashSet、LinkedHashSet、ArrayList、LinkedList 等，Collection 接口框架如图 8-2 所示。

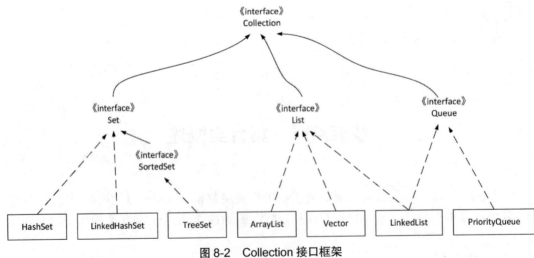

图 8-2　Collection 接口框架

使用 Collection 接口提取实例中保存的对象时，必须通过 Collection 接口的 Iterator() 方法返回一个 Iterator 接口。

Collection 接口中声明了适合 Java 集合(只包括 Set 和 List)的通用方法,如表 8-1 所示。

表 8-1 Collection 接口的通用方法

方法	描述
boolean add(Object o)	向集合加入一个对象的引用
void clear( )	删除集合中所有对象,即不再持有对象的引用
boolean contains(Object o)	判断在集合中是否持有对象的引用
boolean isEmpty( )	判断集合是否为空
Iterator iterator( )	返回一个 Iterator 对象,可以用它来遍历集合中的元素
boolean remove(Object o)	从集合中删除一个对象的引用
int size( )	返回集合中元素的个数
Object[] toArray( )	返回一个数组,该数组包含集合中的所有元素

Set 接口和 List 接口都继承了 Collection 接口,而 Map 接口没有继承 Collection 接口,因此可以对 Set 和 List 对象调用以上方法,但 Map 对象不能调用以上方法。

Collection 接口的 Iterator( ) 和 toArray( ) 方法都用于获得集合中的所有元素,前者返回一个 Iterator 对象,后者返回一个包含集合中所有元素的数组。

例:使用 Collection 接口创建集合类,填充元素,并判断是否已添加到集合,最终输出结果集,如示例代码 8-1 所示。

示例代码 8-1

```java
import java.util.ArrayList;
import java.util.Collection;
public class Collect {
    public static void main(String[] args) {
        // 创建一个集合
        Collection<Object> collection = new ArrayList<>();
        // 添加元素
        collection.add(1);
        // 向集合添加数据 , 任意类型
        System.out.println(collection.add(2));
        // 向集合添加数据 , 字符串类型
        System.out.println(collection.add(" 这是一条测试数据 "));
        // 向集合添加数据 ,char 字符类型
        System.out.println(collection.add('F'));
        // 输出结果集
```

```
                System.out.println(collection);
        }
}
```

运行此程序,结果如图 8-3 所示。

```
Problems  @ Javadoc  Declaration  Console
<terminated> Collec [Java Application] C:\Program Files\Jav
true
true
true
[1, 2, 这是一条测试数据, F]
```

图 8-3 集合创建并填充元素

(2) Iterator 接口

Iterator 接口隐藏底层集合的数据结构,提供遍历各种类型集合的统一接口,在 Iterator 接口中声明以下方法。

1) hasNext( ):判断集合中当前元素后是否还存在元素,如果存在,返回 true。

2) next( ):返回下一个元素。

3) remove( ):从集合中删除上一个由 next() 方法返回的元素。

例:在 Visitor 类的 print() 方法中利用 Iterator 来遍历集合中的元素,如示例代码 8-2 所示。

示例代码 8-2

```
import java.util.ArrayList;
import java.util.Collection;
import java.util.HashMap;
import java.util.HashSet;
import java.util.List;
import java.util.Map;
import java.util.Set;
import javax.swing.text.html.HTMLDocument.Iterator;
public class Visitor{
    public static void print(Collection C){
        java.util.Iterator it=C.iterator();
        // 遍历集合中所有元素
        while(it.hasNext( )){
            Object element=it.next();// 取出集合中一个元素
            System.out.println(element);
        }
    }
}
```

```java
public static void main(String[] args){
    Set set=new HashSet( );
    set.add("Tom");
    set.add("Mary");
    set.add("Jack");
    print(set);
    List list=new ArrayList();
    list.add("Linda");
    list.add("Mary");
    list.add("Rose");
    print(list);
    Map map=new HashMap();
    map.put("M"," 男 ");
    map.put("W"," 女 ");
    print(map.entrySet( ));
  }
}
```

运行此程序，结果如图 8-4 所示。

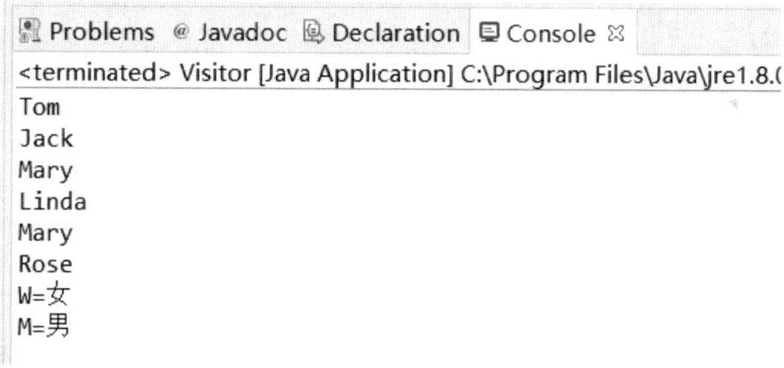

```
Problems  @ Javadoc  Declaration  Console
<terminated> Visitor [Java Application] C:\Program Files\Java\jre1.8.0
Tom
Jack
Mary
Linda
Mary
Rose
W=女
M=男
```

图 8-4　运行结果图

需要注意的，如果集合中的元素没有排序，Iterator() 遍历集合中元素的顺序是任意的，并不一定与向集合中加入元素的顺序一致。

技能点二　常用的集合类介绍及应用

与数组不同，Java 集合中不能存放基本数据类型，只能存放对象的引用。Java 集合主要分为以下三种类型。

1）Set 集：集合中的对象不按特定方式排序，并且没有重复对象。它的有些实现类能对集合中的对象按特定方式排序。

2) List 列表:集合中的对象按照索引位置排序,可以有重复对象,允许按照对象在集合中的索引位置检索对象。List 与数组有些相似。

3) Map 映射:集合中的每一个元素包含一对键对象和值对象,集合中没有重复的键对象,值对象可以重复。它的有些实现类能对集合中的键对象进行排序。

1.Set(集)

Set 是最简单的一种集合,集合的对象不按特定的方式排序,并且没有重复对象。Set 接口主要有 HashSet 和 TreeSet 两个实现类。HashSet 类按照哈希算法来存取集合中的对象,存取速度比较快,HashSet 还有一个子类 LinKedHashSet 类,它不仅实现了哈希算法,而且实现了链表数据结构,链表数据结构可以提高新增和删除元素的性能。TreeSet 类实现了 SortedSet 接口 (继承自 Set),具有排序功能。

（1）Set 的一般用法

Set 集合中存放的是对象的引用,并且没有重复对象。

例:程序创建三个引用变量 s1、s2 和 s3,其中 s1 和 s2 引用同一个字符串对象"hello",s3 引用另一个字符串对象"World"。依次把这三个引用变量加入集合中,如示例代码 8-3 所示。

示例代码 8-3

```
Set set=new HashSet();
String s1=new String("Hello");
    String s2=s1;
    String s3=new String("World");
    set.add(s1);
    set.add(s2);
    set.add(s3);
    System.out.println(set.size( ));
```

运行此程序,打印结果为 2,即该集合中只加入了两个对象,其案例分析如图 8-5 所示。

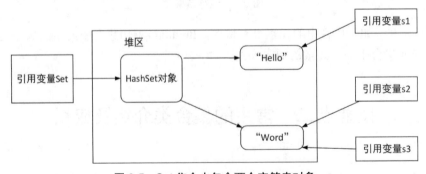

图 8-5　Set 集合中包含两个字符串对象

当新的对象加入 Set 集合中时,通过 Set 的 add() 方法判断这个对象是否已存在于集合中,如示例代码 8-4 所示。

示例代码 8-4

```
boolean isExists=false;
Iterator it =set.iterator();
while(it.hasNext()){
    String oldStr=(String )it.next( );
    if(newStr.equals(oldStr){
        isExists=true;
        break;
    }
```

其中，newStr 表示待加入的对象。Set 采用对象的 equals() 方法比较两个对象是否相等，而不是采用"=="比较运算符。

声明两个相同的变量，插入到集合中，如示例代码 8-5 所示。

示例代码 8-5

```
Set set=new HashSet();
String s1=new String("Hello");
String s2=new String("Hello");
set.add(s1);
set.add(s2);
System.out.println(set.size( ));
```

运行此程序，打印结果为 1。由于 s2.equals(s1) 的比较结果为 true，Set 认为它们是相等的对象，当第二次调用 Set 的 add() 方法时，add() 方法不会把 s2 引用的 String 对象加入集合中，实际上只向集合加入了一个对象。

（2）HashSet 类

HashSet 类按哈希算法来存取集合中的对象，具有很好的存取和查找性能，当向集合中加入一个对象时，HashSet 会调用对象的 hashCode() 方法来获得哈希码，然后根据这个哈希码进一步计算出对象在集合中的存放位置。

在 Object 类中定义了 hashCode() 和 equals() 方法，Object 类的 equals() 方法按照内存地址比较对象是否相等，因此如果 object1.equals(object2) 为 true，则表明 object1 和 object2 实际上引用了同一个对象，那么 object1 和 object2 的哈希码也一定相等，也就是说，如果 student1.equals(student2) 为 true，那么以下表达式的结果也为 true。

Student1.hashCode()==studnet2.hashCode()

如果用户定义的 Student 类覆盖了 Object 类的 equals() 方法，但是没有覆盖 Object 类的 hashCode() 方法，就会导致当 student1.equals(student2) 为 true 时，student1 和 student2 的哈希码不一定一样，这会导致 HashSet 无法正常工作。

（3）TreeSet 类

TreeSet 类实现 SortedSet 接口，能够对集合中的对象进行排序，以下程序创建了一个

TreeSet 对象,然后向集合中加入四个 Integer 对象,如示例代码 8-6 所示。

示例代码 8-6

```
Set  set=new TreeSet( );
set.add(new Integer(8));
set.add(new Integer(7));
set.add(new Integer(6));
set.add(new Integer(9));
Iterator it=set.iterator( );
while(it.hasNext( )){
Sysetm.out.print(it.next)+"");
}
```

当 TreeSet 向集合中加入一个对象时,会把它插入到有序的对象序列中。TreeSet 支持两种排序方式:自然排序和客户化排序,在默认情况下采用自然排序的方式。这里只介绍自然排序。使用 TreeSet 调用对象的 compareTo() 方法比较集合中对象的大小,然后进行排序,这种排序方式称为自然排序,表 8-2 展示了 JDK 类库中实现的 Comparable 接口的一些类排序方式。

在 JDK 类库中,有一部分类实现了 Comparable 接口,如 Integer、Double 和 String 等,Comparable 接口有一个 compareTo(Object o) 方法,它返回整数类型,例如:对于表达式 x.compareTo(y),如果返回值为 0,则表示 x 和 y 相等,如果返回值大于 0,则表示 x 大于 y,如果返回值小于 0,则表示 x 小于 y。

表 8-2　Comparable 接口的一些类排序方式

类	排序
Btye、Double、Float、Integer、Long、Short	按数字大小排序
Character	按字符的 Unicode 值的大小排序
String	按字符串中字符的 Unicode 值的大小排序

使用自然排序时,只能向 TreeSet 集合加入同类型的对象,并且这些对象的类必须实现了 Comparable 接口。

例:创建 Student 类并实现 Comparable 接口,在接口方法 compareTo() 中实现按学号 id 进行排序,并在 main() 方法中向 TreeSet 集合加入四个 Student 对象,如示例代码 8-7 所示。

示例代码 8-7

```java
import java.util.*;
class Student implements Comparable{
    private int id;      //学号
    private String name;// 姓名
public Student(int id,String name){
    this.id=id;
    this.name=name;
  }
public int getId( ){
    return id;
}
public String getName( ){
    return name;
}
public int compareTo (Object o){// 实现接口方法,指定按学号排序
    Student s=(Student) o;
    if(id<s.getId())return -1;
    if(id>s.getId())return 1;
    return 0;
    }
   }
public class Student Test{
    public static void main (String[]args){
        Set set =new TreeSet();
        set.add(new Student(3,"Tom"));
        set.add(new Student(1,"Eddie"));
        set.add(new Student(4,"Jane"));
        set.add(new Student(2,"Mike"));
        Iterato it=set.iterator();
        while(it.hasNext()){
            Student s=(Student)it.next();
            System.out.println(s.getId()+""+ s.getName());
        }
      }
   }
```

运行结果如图 8-6 所示。

```
 Problems  @ Javadoc  Declaration  Console ⊠
<terminated> testt [Java Application] C:\Program Files\Java\jre
1 Eddie
2 Jane
3 Tom
4 Mike
```

图 8-6 运行结果

2. List（列表）

List 的主要特征是其元素以线性方式储存，集合中允许存放重复对象，List 接口主要的实现类包括以下几种。

1）ArrayList：代表长度可变的数组，允许对元素进行快速随机访问，但是向 ArrayList 中插入与删除元素的速度较慢。

2）LinkedList：在实现中采用链表数据结构。对顺序访问进行优化，向 List 中插入和删除元素的速度较快，随机访问速度则较慢。随机访问是指检索位于特定索引位置的元素。LinkedList 单独具有 addFirst()、addLast()、getFirst()、getLast()、removeFirst()、removeLast() 方法，这些方法使得 LinkedList 可以作为堆栈、队列和双向队列使用。

（1）访问列表的元素

List 中的对象按照索引的位置排列，客户程序可以按照对象在集合中的索引位置来检索对象。以下程序向 List 中加入四个 String 对象，如示例代码 8-8 所示。

示例代码 8-8

```
List<String> countries = new ArrayList<String>();
    countries.add(" 中国 ");
    countries.add(" 加拿大 ");
    countries.add(" 俄罗斯 ");
    countries.add(" 美国 ");
```

List 的 interator() 方法和 Set 的 iterator() 方法一样，也能返回 iterator 对象，可以用 Iterator 来遍历集合中所有对象，如示例代码 8-9 所示。

示例代码 8-9

```
Iterator<String> iter1 = countries.iterator();
    while(iter1.hasNext()){
        String element = iter1.next();
        System.out.println(element);
    }
```

运行此程序，结果如图 8-7 所示。

图 8-7 运行结果

（2）列表排序

List 只能对集合中的对象按索引位置排列，如果希望对 List 中的对象按其他特定的方式排序，可以借助 Collections 类的 Comparable 接口（或 Comparator 接口）;Collections 类是 Java 集合类库中的辅助类，它提供了操纵集合的各种静态方法，其中 sort() 方法用于对 List 中的对象进行排序，有以下两种方式。

1）Sort (List list)：对 List 中的对象进行自然排序。

2）Sort (List list，Comparator comparator)：对 List 中的对象进行客户化排序，Comparator 参数指定排序方式。

对 List 中的 Integer 对象进行自然排序，如示例代码 8-10 所示。

示例代码 8-10

```
List<Integer> integerList = new ArrayList<>();
integerList.add(2);
integerList.add(1);
integerList.add(9);
integerList.add(5);
integerList.add(12);
integerList.add(20);
System.out.println(" 排序之前的顺序 " + integerList);
Collections.sort(integerList);
System.out.println(" 排序之后的顺序 " + integerList);
```

运行结果如图 8-8 所示。

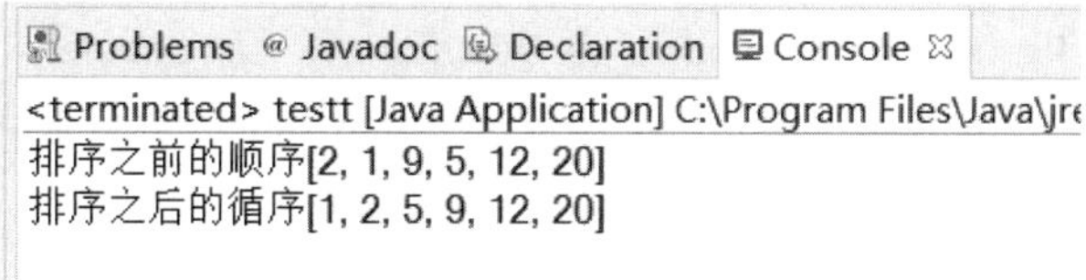

图 8-8 运行结果图

（3）ListIterator 接口

List 的 listIterator() 方法返回一个 ListIterator 对象，ListIterator 接口继承了 Iterator 接口，此外还专门提供了操纵列表的方法，具体有以下几种。

1）add()：向列表插入一个元素。

2）hasNext()：判断列表是否还有下一个元素。

3）hasPrevious()：判断表中是否还有上一个元素。

4）next()：返回表中的下一个元素。

5）previous()：返回表中的上一个元素。

例：通过 ListIterator 集合插入数据并循环输出，如示例代码 8-11 所示。

示例代码 8-11

```java
import java.util.*;
public class ListInserter{
    public static void main(String[] args) {
        // 创建 List 集合对象
        List list = new ArrayList();
        list.add("hello");
        list.add("world");
        list.add("java");
        // ListIterator listIterator()
        ListIterator lit = list.listIterator(); // 子类对象
        while (lit.hasNext()) {
            String s = (String) lit.next();
            System.out.println(s);
        }
        System.out.println("--------------------");
        while(lit.hasPrevious()){
            String s = (String)lit.previous();
            System.out.println(s);
        }
    }
}
```

运行结果如图 8-9 所示。

```
Problems  @ Javadoc  Declaration  Console
<terminated> testt [Java Application] C:\Program Files\Java
hello
world
java
-----------------
java
world
hello
```

图 8-9　运行结果

3. Map(映射)

Map(映射)是一种把键对象进行映射的集合,它的每一个元素都包含了一对键对象和值对象,而值对象仍可以是 Map 类型,依此类推,这样就形式了多级映射,新 Map 集合加入元素时,必须提供一对键对象和值对象。在 Map 集合中检索元素时,只要给出键对象,就会返回相应的值对象。

例:程序通过 Map 的 put(Object,key,Object value) 方法向集合中加入元素,通过 Map 的 get(Object key) 方法来检索与键对象对应的值对象,如示例代码 8-12 所示。

示例代码 8-12

```java
import java.util.*;
public class MapTest{
    public static void main(String[ ] args){
        Map map=new HashMap( );
        map.put("1","Monday");
        map.put("2","Tuesday");
        map.put("3","Wendsday");
        map.put("4","Thursday");
        String day=(String)map.get("2");
        System.out.println(" 查询结果为: "+day);
    }
}
```

运行此程序,结果如图 8-10 所示。

```
Problems  @ Javadoc  Declaration  Console
<terminated> testt [Java Application] C:\Program Files\Java\j
查询结果为: Tuesday
```

图 8-10 运行结果

Map 集合中的键对象不允许重复,也就是说,任意两个键对象通过 equals() 方法比较结果都是 false。对于值对象则没有唯一性的要求,可以将任意多个键对象映射到同一个值对象上。例:将 Map 集合中键对象"1"和"one"都指向同一个值对象"Monday",如示例代码 8-13 所示。

示例代码 8-13

```java
import java.util.*;
public class MapTest{
    public static void main (String[ ] args){
        Map map=new HashMap( );
```

```
        map.put("1","Monday");
        map.put("one","Monday");
        Iterator it=map.entrySet().iterator( );
            while (it.hasNext( )){
            //entry 表示 Map 中的一对键与值
            Map.Entry entry=(Map.Entry)it.next();
            System.out.println(entry.getKey( )+ ": "+entry.getValue());
        }
    }
}
```

在此程序中，Map 的 entrySet() 方法返回一个 Set 集合，在这个集合中存放了 Map.Entry 类型的元素，每个 Map.Entry 对象代表 Map 的一对键与值。运行此程序，结果如图 8-11 所示。

```
Problems  @ Javadoc  Declaration  Console
<terminated> testt [Java Application] C:\Program Files\Java\
1：Monday
one：Monday
```

图 8-11　运行结果

Map 有两种比较常用的实现：HashMap 和 TreeMap。HashMap 按照哈希算法来存取键对象，有很好的存取性能。为了保证 HashMap 能正常工作，与 HashSet 相同，要求当两个键对象通过 equals() 方法比较结果为 true 时，这两个键对象的 hashCode() 方法返回的哈希码也一样。

TreeMap 实现了 SortedMap 接口，能对键对象进行排序。与 TreeSet 相同，TreeMap 也支持自然排序和客户化排序两种方式。

例：以下程序的 TreeMap 会对四个 String 类型的键对象"4"、"1"、"3"、"2"进行自然排序，如示例代码 8-14 所示。

示例代码 8-14

```
import java.util.*;
public class Map Test{
public static void main(String[]args){
Map map=new TreeMap( );
map.put("4","Thursday");
map.put("1","Monday");
map.put("3","Wendsday");
map.put("2","Tuesday");
```

```
Set keys=map.keySet( );        // 返回所有键对象的集合
Iterator it=keys.iterator( );
    while(it.hasNext()){
        String key=(String)it.next ( );
        String value=(String)map.get(key);// 根据键对象获取值对象
            System.out.println(key+""+value);
        }
    }
}
```

Map 的 keySet() 方法返回集合中所有键对象的集合，运行结果如图 8-12 所示。

```
Problems  @ Javadoc  Declaration  Console
<terminated> testt [Java Application] C:\Program Files\Java
1Monday
2Tuesday
3Wendsday
4Thursday
```

图 8-12　运行结果

本任务将通过实现"发牌游戏"和"部门员工信息显示"两个案例来巩固 Java 集合的创建和使用以及映射关系的应用。

任务一

在本案例中，将 54 张牌打乱顺序，三个玩家参与游戏，每人 17 张牌，最后三张留作底牌，具体操作步骤如下。

第一步，创建花色与数字集合，并为集合添加元素，如示例代码 8-15 所示。

示例代码 8-15

```java
import java.util.ArrayList;
import java.util.Collections;
public class Demo {
    public static void main(String[] args) {
        // 创建牌盒
        ArrayList<String> pokerBox = new ArrayList<>();
```

```
        // 创建花色集合
        ArrayList<String> colors = new ArrayList<>();
        // 创建数字集合
        ArrayList<String> numbers = new ArrayList<>();
        // 给花色集合添加元素
        colors.add("♥");
        colors.add("♦");
        colors.add("♠");
        colors.add("♣");
// 给数组集合添加元素，数字取值范围在 2~ 10 之间
// 添加字母元素 A、J、Q、K
        for (int i = 2; i <= 10; i++) {
            numbers.add(i + "");
        }
        numbers.add("J");
        numbers.add("Q");
        numbers.add("K");
        numbers.add("A");

    }
}
```

第二步，将每一个花色与每一个数字进行结合，存储到牌盒中，并添加大小王牌面，如示例代码 8-16 所示。

示例代码 8-16

```
for (String color : colors) {
    // color 每一个花色
    // 遍历数字集合
        for (String number : numbers) {
            // 结合
            String card = color + number;
            // 存储到牌盒中
            pokerBox.add(card);
        }
}
    // 大小王
    pokerBox.add(" 小王 ");
    pokerBox.add(" 大王 ");
```

第三步，通过 shuffer() 方法将组合牌的索引打乱，进行洗牌操作，如示例代码 8-17 所示。

示例代码 8-17

```
Collections.shuffle(pokerBox);
```

第四步，创建三个玩家以及底牌集合，进行发牌操作并输出最终结果，如示例代码 8-18 所示。

示例代码 8-18

```
ArrayList<String> player1 = new ArrayList<>();
ArrayList<String> player2 = new ArrayList<>();
ArrayList<String> player3 = new ArrayList<>();
ArrayList<String> dipai = new ArrayList<>();
// 遍历牌盒
for (int i = 0; i < pokerBox.size(); i++) {
    // 获取牌面
    String card = pokerBox.get(i);
    // 留出三张底牌 存到 底牌集合中
    if (i >= 51) {
        dipai.add(card);
    } else {
        if (i % 3 == 0) {
            player1.add(card);
        } else if (i % 3 == 1) {
            player2.add(card);
        } else {
            player3.add(card);
        }
    }
}
System.out.println(" 赵茜 " + player1);
    System.out.println(" 孙莉 " + player2);
    System.out.println(" 周武 " + player3);
    System.out.println(" 底牌 " + dipai);
```

第五步，运行此程序，结果如图 8-13 所示。

```
Problems  @ Javadoc  Declaration  Console
<terminated> testt [Java Application] C:\Program Files\Java\jre1.8.0_271\bin\javaw.exe  (2020-11
赵茜[♣Q, ♠A, ♣Q, ♣6, ♣J, ♣5, ♦8, ♥9, ♥A, ♥4, ♥8, ♣K, ♥6, ♣10, ♠5, ♦10, ♥K]
孙莉[♣2, ♦2, ♣4, ♥3, ♣9, ♣J, 大王, ♣10, ♣4, ♥10, ♦9, 小王, ♥2, ♠5, ♦K, ♣8, ♣7]
周武[♣3, ♠K, ♣6, ♣6, ♣8, ♣7, ♥J, ♦J, ♣Q, ♦3, ♥7, ♠A, ♣4, ♣7, ♠A, ♥5, ♣9]
底牌[♥Q, ♣2, ♠3]
```

图 8-13 发牌结果

任务二

在本案例中，创建部门以及员工信息，显示员工与员工之间以及部门与员工之间的关系，具体操作步骤如下。

第一步，创建部门类，声明部门编号、部门名称、部门地址、员工集合等信息，如示例代码 8-18 所示。

示例代码 8-18

```java
public class Dept {
    private int deptNo;// 部门编号
    private String depName;// 部门名称
    private String loc;// 部门地点
    private Emp[] emp;
    public Dept(int deptno, String dname, String loc) {
        this.deptNo = deptno;
        this.depName = dname;
        this.loc = loc;
    }
    // 一个部门存在多个雇员,表达多个雇员就用数组
    public void setEmp(Emp[] emp) {
        this.emp = emp;
    }
    public Emp[] getEmp() {
        return this.emp;
    }
    public String getInfo() {
        return " 部门编号 :" + this.deptNo + ", 名称 :" + this.depName + ", 位置 :" + this.loc;
    }
}
```

第二步，创建员工类，声明员工编号、员工姓名、员工职位、员工工资、员工提成以及部门信息等，如示例代码 8-19 所示。

示例代码 8-19

```java
public class Emp {
    private int empNo;// 雇员编号
    private String empName;// 雇员姓名
    private String job;// 雇员职位
    private double sal;// 雇员工资
    private double comm;// 雇员提成
    private Dept dept;
    private Emp mgr;
    public Emp(int empNo, String empName, String job, double sal, double comm) {
        this.empNo = empNo;
        this.empName = empName;
        this.job = job;
        this.sal = sal;
        this.comm = comm;
    }
    // 一个雇员属于一个部门
    public void setDept(Dept dept) {
        this.dept = dept;
    }
    public Dept getDept() {
        return this.dept;
    }
    // 一个雇员有一个领导
    public void setMgr(Emp mgr) {
        this.mgr = mgr;
    }
    public Emp getMgr() {
        return this.mgr;
    }
    public String getInfo() {
        return " 雇员编号 :" + this.empNo + ", 姓名 :" + this.empName + ", 职位 :" + this.job + ", 工资 :" + this.sal + ", 奖金 :"+ this.comm;
    }
}
```

第三步,创建运行类,填充员工与部门的基本信息,并显示员工与员工之间的关系以及部门与员工的关系,如示例代码 8-20 所示。

示例代码 8-20

```java
public class Test {
    public static void main(String[] args) {
        // 设置数据，产生各自独立对象
        Dept dept = new Dept(1, " 人事部 ", " 中国 ");
        Emp ea = new Emp(001, " 赵茜 ", " 员工 ", 5500.0, 0.0);// 雇员信息
        Emp eb = new Emp(002, " 孙莉 ", " 财务 ", 7800.0, 0.0);// 雇员信息
        Emp ec = new Emp(003, " 周武 ", " 经理 ", 6600.0, 0.0);// 雇员信息
        // 设置雇员与领导的关系
        ea.setMgr(eb);
        eb.setMgr(ec);
        // 设置雇员与部门关系
        ea.setDept(dept);
        eb.setDept(dept);
        ec.setDept(dept);
        dept.setEmp(new Emp[] { ea, eb, ec });
        // 取出数据，查询单个员工所在的部门的领导信息
        System.out.println(ea.getInfo());
        System.out.println(" 赵茜的同事 :" + ea.getMgr().getInfo());
        System.out.println(" 赵茜所在的部门 :" + ea.getDept().getInfo());
        System.out.println("=============================================");
        // 获取一个部门里面所有雇员的信息
        System.out.println(" 部门信息 :" + dept.getInfo());
        System.out.println(" 部门里所有雇员与雇员领导的信息 :");
        for (int i = 0; i < dept.getEmp().length; i++) {
            System.out.println("\t|-" + dept.getEmp()[i].getInfo());
            if (dept.getEmp()[i].getMgr() != null) {
                System.out.println("\t\t|-" + dept.getEmp()[i].getMgr().getInfo());
            }
        }
    }
}
```

第四步，运行此程序，结果如图 8-14 所示。

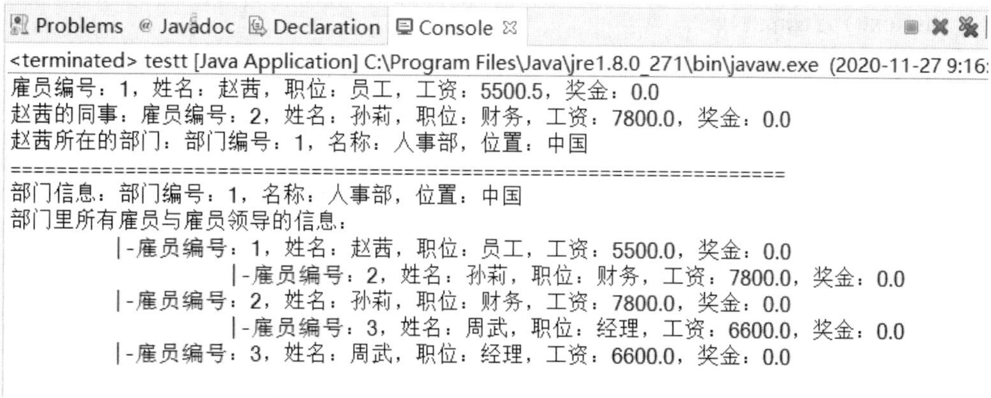

图 8-14 运行结果

本项目通过对"发牌游戏"和"部门员工信息显示"案例的实现,使读者对 Java 集合的创建有了初步了解,并详细学习了常用集合类的方法应用及获取集合类内容并求值的使用方式,具有独立创建集合类并实现编程的能力。

add	添加	clear	清除
isEmpty	判断空	remove	删除
Size	个数	ArrayList	长度可变数组
Sort	排序	previous	上一个

一、选择题

1. List、Set 和 Queue,(　　)不属于 Collection 接口的子类型集合。

A. List　　　　　B. Set　　　　　C. Queue　　　　　D. Map

2. hasNext() 方法表示（　　）。
A. 判断集合中的元素是否遍历完毕　　　　B. 向集合中加入对象
C. 判断集合是否为空　　　　　　　　　　D. 删除集合中对象
3. ArrayList 类的底层数据结构是（　　）。
A. 数组结构　　　B. 链表结构　　　C. 哈希表结构　　　D. 红黑树结构
4. 以下能以键值对的方式存储对象的接口是（　　）。
A. java.util.Collection　　　　　　　　B. java.util.Map
C. java.util.HashMap　　　　　　　　　D. java.util.Set
5. 将集合转成数组的方法是（　　）。
A. toArray()　　　B. copy()　　　C. toCharArray()　　　D. asList()

二、填空题

1. 数组长度的是固定的，集合的长度是 _____。
2. Java 集合类主要由两个根接口 _____ 和 Map 派生出来的。
3. Map 接口：双列数据，保存具有映射关系"_____ 对"。
4. _____ 是 List 接口的主要实现类。
5. LinkedList 内部以 _____ 的形式保存集合中的元素。

项目九　多线程处理

通过"邮件接收显示"案例和"多线程"案例的实现,了解进程与线程的区别,熟悉线程的创建与启动,掌握线程的互斥与同步以及线程安全的类型,具有使用多线程完成 Java 应用程序的能力。在任务实现过程中:

● 了解线程的生命周期;
● 熟悉线程的状态转换;
● 掌握线程的调度与休眠;
● 具有使用多线程完成 Java 应用程序的能力。

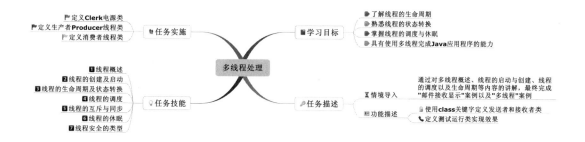

【情境导入】

计算机程序的一种合理定义是一个指令集，它使计算机产生一个可预测且可重复的事件序列，人们称之为一个控制线程或线程。本项目通过对多线程概述、线程的启动与创建、线程的调度以及生命周期等内容的讲解，最终完成"邮件接收显示"案例和"多线程"案例。

课程思政：集体至上，团结合作

Java 是支持多线程的语言，当多个线程在操作同一共享数据时，如果一个线程只执行了 run 方法中的部分语句，还没有执行完，另一个线程就参与进来执行，就可能导致共享数据的错误。当一个线程在访问该共享数据时，其他线程需排队等待该线程访问结束。虽然线程的排队等待会让线程损失部分效率，但却能得到更加准确的结果，防止错误甚至灾难性后果的产生。

以一队人马要过独木桥为例，如果大家都只顾自己的利益、互不谦让，只能导致谁也过不去，但如果将自身利益放一放，把小我融入大我，就能让整个组织的运转更为高效，自身的目标也能最终达成。

【功能描述】

- 使用 class 关键字定义发送者和接收者类；
- 定义测试运行类实现效果。

技能点一　线程概述

在日常生活中，有很多事情可以同时进行。比如，一个人可以边看电视边吃饭，也可以边听音乐边打扫房间，其实计算机也可以这样同时进行多个任务，比如可以边复制文件边聊天、边听音乐边浏览网页等。在计算机中，这种能够同时完成多项任务的技术，称为多线程技术。几乎任何操作系统都支持多个任务,通常情况下一个任务就是一个程序,一个程序就可以理解为一个进程,当一个进程运行时,内部可能包含多个顺序执行流,每个顺序执行流就是一个线程。Java 是支撑多线程的语言之一,它内置了对多线程技术的支持,可以使程序同时执行多个执行片段。

1. 进程

进程可以理解为在操作系统中正在运行的程序,比如在电脑中,选择"启动任务管理器"选项,可以看到当前正在运行的程序,即系统中所有的进程,界面如图 9-1 所示。

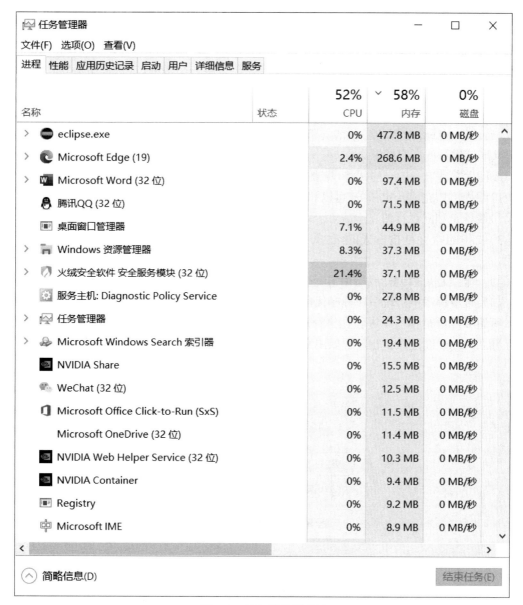

图 9-1 任务管理器界面

在操作系统中,当一个程序进入内存中运行时,即变成一个进程。进程是处于运行过程中的程序,并且具有一定的独立性,可以理解为进程是系统进行资源分配和调度的一个独立单元。

在了解进程过程中,需要知道进程的三个特点,分别是独立性、动态性、并发性。

1)独立性:进程是系统中独立存在的实体,每一个进程都有自己独立的地址空间,拥有独立的资源空间。

2)动态性:进程有时间的概念,是动态的,拥有自己的生命周期和不同的状态。

3)并发性:多个进程可以同时进行,互不干扰。

2. 线程

每个运行的程序都是一个进程,在一个进程中还可以有多个执行单元同时运行,这些执行单元可以看作程序执行的一条条线索,被称为线程。操作系统中的每一个进程中都至少存在一个线程。例如当一个 Java 程序启动时,就会产生一个进程,该进程中会默认创建一个线程,在这个线程上会运行 main() 方法中的代码。

一个进程可以拥有多个线程,而一个线程必须拥有一个父进程。线程可以拥有自己的堆栈,自己的程序计数器和自己的局部变量,但它不能拥有系统资源,而是与父进程的其他线程共享该进程的所有资源。

线程也具有自身的一些优势,主要体现在以下几点。

1)线程可以完成一定任务,可以和其他线程共享父进程,相互协作来完成任务。

2)线程是独立运行的。

3)线程的执行是抢占式的,也就是说执行的线程随时可能被挂起,以便运行另一个线程。

4)一个线程可以创建或撤销另一个线程,一个进程中的多个线程也可以并发执行。

如果希望程序中实现多段程序代码交替运行的效果,则需要创建多个线程,即多线程程序。所谓多线程是指一个进程在执行过程中可以产生多个单线程,这些单线程在运行时是相互独立的。多线程的执行过程如图 9-2 所示。

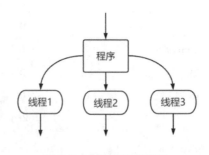

图 9-2 多线程执行流程

技能点二 线程的创建及启动

Java 语言中使用 Thread 类及其子类的对象表示线程。每个 Java 程序都有一个默认的主线程,程序开始时它就执行。它是产生其他子线程的线程,而且它必须最后执行,因为它会执行各种关闭动作。尽管主线程在程序启动时即被创建,但它可以由一个 Thread 对象控制。它通过 currentThread() 获得它的一个引用。对于应用程序 application 来说,main() 方法就是一个主线程。

在 Java 中,有两种方式创建线程,一种是继承 java.lang 包下的 Thread 类,并重写 Thread 类的 run() 方法,在 run() 方法中实现运行在线程上的代码;另一种是实现 java.lang.Runnable 接口。

第一种方式在 java.lang 中定义了一个直接从根类 Object 中派生的 Thread 类。Thread 类是一个具体的类,即不是抽象类,该类封装了线程的行为。所有以这个类派生的子类或间接子类,均为线程。在这种方式中,需要作为一个线程执行的类只能继承、扩充单一的父类。此时继承 Thread 类,覆盖方法 run(),在创建的 Thread 类的子类中重写 run(),加入线程所要执行的代码即可。

Thread 类的构造方法如表 9-1 所示。

表 9-1 Thread 类的构造方法

方法	用途
public Thread( )	用来创建一个线程对象
public Thread(Runnable target)	创建线程对象,参数 target 成为被创建的目标对象。这个目标必须实现 Runnable 接口
public Thread(ThreadGroup group, Runnable target,String name)	分配新的 Thread 对象,以便将 target 作为其运行对象,将指定的 name 作为其名称,并作为 group 所引用的线程组的一员
public Thread(Runnable target, String name)	分配新的 Thread 对象。这种构造方法与 Thread(null, target, name) 具有相同的作用
public Thread(String name)	分配新的 Thread 对象。这种构造方法与 Thread(null, null, name) 具有相同的作用
public Thread(ThreadGroup group, Runnable target)	分配新的 Thread 对象。这种构造方法与 Thread(group, target, gname) 具有相同的作用,其中的 gname 是一个新生成的名称。自动生成的名称的形式为"Thread-"+n,其中的 n 为整数
public Thread(ThreadGroup group, Runnable target, String name, long stackSize)	分配新的 Thread 对象,以便将 target 作为其运行对象,将指定的 name 作为其名称,作为 group 所引用的线程组的一员,并具有指定的堆栈大小
public Thread(ThreadGroup group, String name)	分配新的 Thread 对象。这种构造方法与 Thread(group, null, name) 具有相同的作用

示例:定义一个名为 NewThread 的线程,如示例代码 9-1 所示。

示例代码 9-1

```
public class NewThread extends Thread{
    public void run ( ){
```

```
            // 具体实现
        }
    }
```

这种方法简单明了，符合大多数人的习惯，但是它也有一个缺点，那就是如果类已经从一个类继承（如小程序必须继承自 Applet 类），则无法再继承 Thread 类。

第二种方式是最常用的方式，它打破了扩充 Thread 类方式的限制。Runnable 接口只包含了一个抽象方法 run()。声明自己的类实现 Runnable 接口并提供这一方法，将多线程的代码写入其中，就完成了这一部分的任务。但是 Runnable 接口并没有任何对线程的支持，还必须创建 Thread 类的实例，这一点可以通过 Thread 类的构造函数 public Thread(Runnable target) 来实现。

例：定义一个线程。

第一步，实现 Runnable 接口，如示例代码 9-2 所示。

示例代码 9-2

```
public class Receiver implements Runnable{
    public void run ( ){
        // 具体实现
    }
}
```

第二步，通过 Thread 类的构造函数实现线程，如示例代码 9-3 所示。

示例代码 9-3

```
Receiver receiver = new Receiver(mailbox);
Thread receiveThread = new Thread(receiver);
sendThread.setName(" 接收邮件 !");
```

使用 Runnable 接口来实现多线程能够在一个类中包容所有代码，有利于封装。它的缺点在于只能使用一套代码，若想创建多个线程并使各个线程执行不同的代码，则需创建其他类。

实现 Runnable 接口相对于继承 Thread 类来说，有以下两个优点。

1）适合多个相同程序代码的线程去处理同一个资源的情况，把线程同程序代码、数据有效分离，很好地体现了面向对象的设计思想。例：抢票系统就是多个用户同时使用一个系统调用同一个数据库。

2）可以避免由于 Java 的单继承带来的局限性。在程序开发过程中经常碰到这样一种情况，就是使用一个已经继承了某一个类的子类创建线程，由于一个类不能同时有两个父类，所以不能用继承 Thread 类的方式，那么就只能采用实现 Runnable 接口的方式。

技能点三 线程的生命周期及状态转换

在 Java 中，任何对象都有生命周期，线程也不例外，它也有自己的生命周期。当 Thread 对象创建完成时，线程的生命周期便开始了。当 run() 方法中代码正常执行完毕或者线程抛出一个未捕获的异常 (Exception) 或者错误 (Error) 时，线程的生命周期便会结束。线程整个生命周期可以分为五个阶段，分别是新建状态 (New)、就绪状态 (Runnable)、运行状态 (Running)、阻塞状态 (Blocked) 和死亡状态 (Terminated)，线程的不同状态表明了线程当前正在进行的活动。在程序中，通过一些操作，可以使线程在不同状态之间转换，如图 9-3 所示。

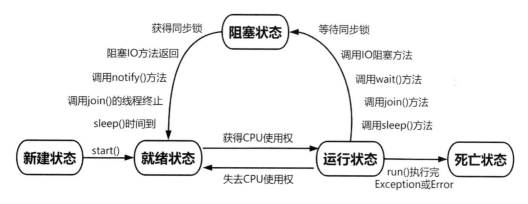

图 9-3 线程的生命周期

通过图 9-3 可知线程的各种状态之间的关系，箭头表示可以相互转换的方向，其中，单箭头表示状态只能单向转换，例如线程只能从新建状态转换到就绪状态，反之则不能；双箭头表示两种状态可以互相转换，例如就绪状态和运行状态可以互相转换。

（1）新建状态 (New)

当一个 Thread 类或者其子类的对象被声明并创建时，新的线程对象就处于新建状态，此时已经有了相应的内存空间和其他资源。

（2）就绪状态 (Runnable)

处于新建状态的线程被启动后，将进入线程队列排队等待 CPU 服务，这个时候它已经具备了运行的条件，一旦轮到它来享用 CPU，就可以脱离创建它的主线程，独立开始自己的生命周期。

（3）运行状态 (Running)

就绪的线程被调度并获得处理器资源时便进入了运行状态。每一个 Thread 类及其子类的对象都有一个重要的 run() 方法，当线程对象被调度执行的时候，它将调用自己的 run() 方法，从第一句代码开始执行。所以说对线程的操作应该写到 run() 方法中。

（4）阻塞状态 (Blocked)

线程可以执行，但存在某个阻塞因素时，线程进入阻塞状态。直到线程处于就绪状态，才可能被执行。

当发生以下事件时,线程进入阻塞状态。

1)suspend() 方法被调用,线程处于挂起状态。

2)sleep() 方法被调用,线程处于睡眠状态。

3)wait() 方法被调用,线程处于等待状态。

4)线程处于 I/O 等待。

5)线程尝试调用另一个对象的 synchronized() 方法,而且尚未取得该对象的锁。

(5)死亡状态 (Terminated)

当 run() 方法返回,或别的线程调用 stop() 方法时,线程进入死亡状态。通常 Applet 使用它的 stop() 方法来终止它产生的所有线程。所谓死亡状态就是线程释放了实体,即释放了分配给线程对象的内存。

技能点四　线程的调度

线程的调度是指 Java 虚拟机按照特定的机制为程序中的每一个线程分配 CPU 的使用权。在计算机中,线程的调度有两种模型,分别是分时调度模型和抢占式调度模型。让所有的线程轮流获得 CPU 的使用权,并且平均分配每个线程占用的 CPU 的时间片称为分时调度模型,而抢占式调度模型是指可运行池中优先级高的线程优先占用 CPU,而对于优先级相同的线程,随机选择一个线程使其占用 CPU,当它失去了 CPU 的使用权后,再随机选择其他线程获取 CPU 使用权。

在应用程序中,如果要对线程进行调度,最直接的方式就是设置线程的优先级。优先级越高的线程获得 CPU 执行的机会越大,优先级越低的线程获得 CPU 执行的机会越小。线程的优先级用 1~10 之间的整数来表示,数字越大则表示优先级越高。除了数字,还可以使用 Thread 类中提供的三个静态常量表示线程的优先级,如表 9-2 所示。

表 9-2　线程优先级

Thread 类的静态常量	功能描述
static int Max_PRIORITY	表示线程的最高优先级,相当于值 10
static int MIN_PRIORITY	表示线程的最低优先级,相当于值 1
static int NORM_PRIORITY	表示线程的普通优先级,相当于值 5

程序在运行期间,处于就绪状态的每个线程都有自己的优先级,例如 main 线程具有普通优先级。然而线程优先级不是固定不变的,Thread 类中提供了获取线程优先级的方法 final int getPriority(),通过调用 getPriority() 可以获取到对应线程的优先级数值,如示例代码 9-4 所示。

示例代码 9-4

```java
public class Test {
    public static void main(String[] args) throws IOException  {
        Test test = new Test();
        MT mt = test.new MT();
        mt.start();
        System.out.println(mt.getPriority());
    }
    public class MT extends Thread{
        @Override
        public void run() {
            System.out.println("run 方法执行完毕 ");
        }
    }
}
```

运行此程序,结果如图 9-4 所示。

```
Problems  @ Javadoc  Declaration  Console
<terminated> Test [Java Application] C:\Program Files\Java'
5
run方法执行完毕
```

图 9-4　获取到了 mt 线程的优先级:5

Thread 类中提供了设置线程优先级的方法 final int setPriority(int pri),可以设置 1~10 之间的 10 个优先级,如示例代码 9-5 所示。

示例代码 9-5

```java
public class Test {
    public static void main(String[] args) throws IOException  {
        Test test = new Test();
        MT mt = test.new MT();
        mt.start();
        mt.setPriority(10);
        System.out.println(mt.getPriority());
    }
    public class MT extends Thread{
        @Override
```

```
        public void run() {
        System.out.println("run 方法执行完毕 ");
            }
        }
}
```

运行此程序,结果如图 9-5 所示。

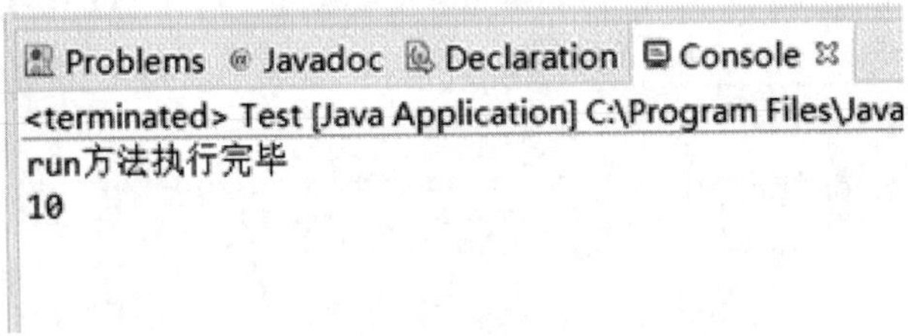

图 9-5 获取到了为 mt 线程设置的优先级:10

技能点五 线程的互斥与同步

线程的互斥是指在多线程的环境下,线程拥有公共的资源,但是某一个时刻只能有一个线程对这种资源进行访问,也就是说线程之间通过对共享数据和硬件资源的竞争,产生了相互制约的关系。

线程的同步是指线程间的通信,当有线程访问公共资源时,就必须确定另一个已经完成了某些操作,它才可以执行。因为线程之间是相互合作的,彼此之间直接知道对方的存在,并了解对方的姓名,这类线程常常需要通过"线程间相互通信"方法来协同工作。

例:模拟用户取款,比如一个用户有 1000 块钱,同时有两个人在操作这个账户进行取钱,一次取 100 块,分别取四次。具体操作步骤如下。

第一步,定义 ATM 机取钱的 UserGetMoney 类,如示例代码 9-6 所示。

示例代码 9-6
```
package bank_test;
public class UserGetMoney implements Runnable { // 模拟用户取款的线程类
    private static int sum = 1000;

    public void take(int k) {
        int temp = sum;
        temp -= k;
```

```
            try {
                Thread.sleep((int) (100 * Math.random()));
            } catch (InterruptedException e) {
            }
            sum = temp;
            System.out.println(Thread.currentThread() + "sum = " + sum);
        }


        int money = 0;
        public UserGetMoney(int money) {
            // TODO Auto-generated constructor stub
            this.money = money;
        }

        public void run() {
            for (int i = 1; i <= 4; i++) {
                take(money);
            }
        }
    }
```

第二步，定义 BankAdvance，用于调用线程的主类，如示例代码 9-7 所示。

示例代码 9-7

```
package bank_test;
public class BankAdvance { // 调用线程的主类

    public static void main(String[] args) {
        UserGetMoney u1 = new UserGetMoney(100);
        new Thread(u1).start();
        new Thread(u1).start();
    }
}
```

第三步，运行代码，结果如图 9-6 所示。

```
 Problems  @ Javadoc  Declaration  Console ⊠
<terminated> BankAdvance [Java Application] C:\Program
Thread[Thread-0,5,main]sum = 900
Thread[Thread-1,5,main]sum = 900
Thread[Thread-1,5,main]sum = 800
Thread[Thread-0,5,main]sum = 800
Thread[Thread-1,5,main]sum = 700
Thread[Thread-1,5,main]sum = 600
Thread[Thread-0,5,main]sum = 700
Thread[Thread-0,5,main]sum = 600
```

图 9-6　运行结果

由图 9-6 可知，两个人共取了 8 次，账号只少了 400 块，导致银行亏损，要解决这个问题，就需要使用 synchronized 关键字来实现语句的同步，即给资源加互斥锁。

Synchronized 锁定一个对象和一段代码，语法格式如下。

```
synchronized(<对象名>){
 <语句组>
}
```

Synchronized 锁定一个方法，语法格式如下。

```
synchronized<方法声明>{
 <方法体>
}
```

使用 Synchronized 改写上面案例，如示例代码 9-8 所示。

示例代码 9-8

```java
package bank_test;
    public class UserGetMoney implements Runnable { // 模拟用户取款的线程类
        private static int sum = 1000;

        public synchronized  void take(int k) { // 限定 take 为同步方法
            int temp = sum;
            temp -= k;
            try {
                Thread.sleep((int) (100 * Math.random()));
            } catch (InterruptedException e) {
            }
            sum = temp;
```

```java
            System.out.println(Thread.currentThread() + "sum = " + sum);
        }

        int money = 0;
        public UserGetMoney(int money) {
            // TODO Auto-generated constructor stub
            this.money = money;
        }

        public void run() {
            for (int i = 1; i <= 4; i++) {
                take(money);
            }
        }
    }
```

运行代码,结果如图 9-7 所示。

```
Problems  @ Javadoc  Declaration  Console
<terminated> BankAdvance [Java Application] C:\Program
Thread[Thread-0,5,main]sum = 900
Thread[Thread-0,5,main]sum = 800
Thread[Thread-0,5,main]sum = 700
Thread[Thread-1,5,main]sum = 600
Thread[Thread-1,5,main]sum = 500
Thread[Thread-1,5,main]sum = 400
Thread[Thread-0,5,main]sum = 300
Thread[Thread-1,5,main]sum = 200
```

图 9-7　运行结果

由图 9-7 可知,两个线程访问同一个对象(一个银行账户)时达到了互斥的效果,这是个原子操作,必须一个人取完钱,另一个人才能继续取钱。

技能点六　线程的休眠

线程休眠是让线程进入阻塞状态,交出 CPU,使 CPU 去执行其他的任务,在线程休眠的时间内,即使系统中没有其他可执行线程,该线程也不会获得执行机会。线程的休眠可以使用 Thread 类提供的 sleep() 方法来实现,语法格式如下。

```
sleep(long millis)        // 参数为毫秒
sleep(long millis,int nanoseconds)    // 第一个参数为毫秒,第二个参数为纳秒
```

1) 在这个过程中,sleep() 的作用是让当前线程休眠,即当前线程会从"运行状态"进入"休眠(阻塞)状态"。

2) sleep() 会指定休眠时间,线程休眠的时间会大于/等于该休眠时间。

3) sleep() 方法不会释放锁,也就是说如果当前线程持有对某个对象的锁,则即使调用 sleep() 方法,其他线程也无法访问这个对象。

4) sleep() 方法需要捕获 InterruptedException 异常。

例:使用线程休眠实现整秒计时,如示例代码 9-9 所示。

示例代码 9-9
```java
public class MT extends Thread{
@Override
    public void run(){
            while(true) {
            System.out.println(new Date());
            try {Thread.sleep(1000);}
            catch (InterruptedException e) {}
            }
    }
}
public class Test {
public static void main(String[] args) throws IOException {
    MT mt = new MT();
    mt.start();
    }
}
```

运行代码,因为休眠时间为 1 秒,因此每次输出的间隔为 1 秒,结果如图 9-8 所示。

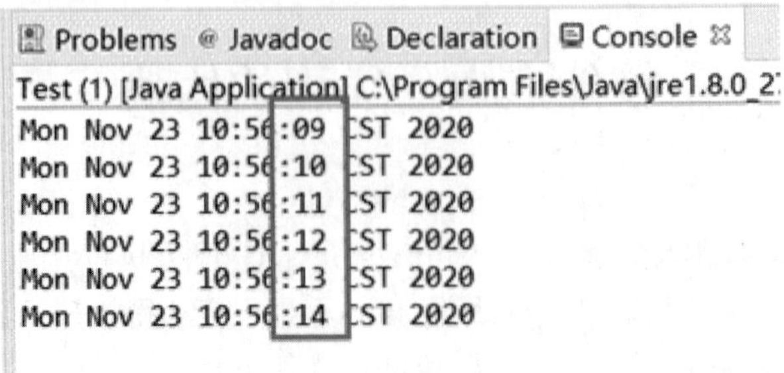

图 9-8 休眠结果

在不使用 sleep() 方法休眠线程时，1 秒内会执行多次循环，每秒输出多次当前时间，结果如图 9-9 所示。

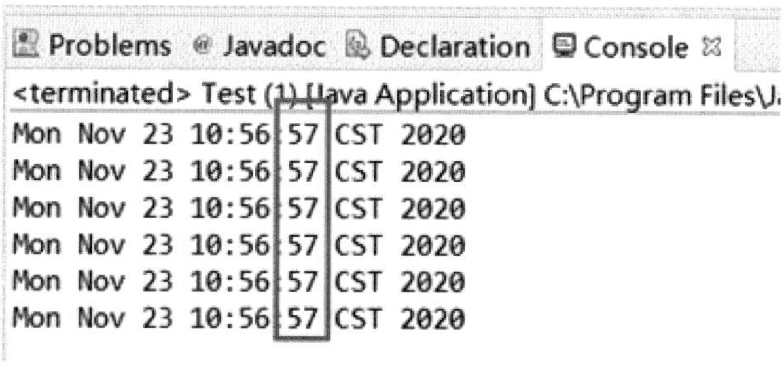

图 9-9　不休眠结果图

技能点七　线程安全的类型

当多个线程访问同一个对象时，如果不用考虑这些线程在运行时环境下的调度和交替执行，也不需要进行额外的同步，或者在调用方进行任何其他的协调操作，调用这个对象的行为都可以获得正确的结果，那这个对象就是线程安全的。

线程安全问题都是由多个线程对共享的变量进行读写引起的。例如在线程同步一节所讲的多线程同时读写共享变量示例，当出现多线程同时读写共享资源造成数据冲突和不一致时，这个线程就是不安全的。

Java 语言中各种操作共享的数据有以下五种类型。

1）不可变。不可变（Immutable）的对象一定是线程安全的，不可变的对象永远不会在多个线程之间出现不一致的状态。

2）绝对线程安全。表现为不管运行时环境如何，调用者都不需要任何额外的同步措施。绝对线程安全的实现，通常需要付出很大的、甚至不切实际的代价，Java API 中提供的线程安全，大多数都不是绝对线程安全。

3）相对线程安全。它需要保证对这个对象单独的操作是线程安全的，在调用时不需要额外的保障措施，但是对于一些特定顺序的连续调用，就可能需要在调用端使用额外的同步手段来保证正确性。Java 语言中的大部分线程安全类都属于这种类型，如 Vector、HashTable、Collections 的 synchronizedCollection() 方法包装的集合等。

4）线程兼容。指的是对象本身并不是线程安全的，但是可以通过在调用端正确使用同步手段来保证对象在并发环境中可以安全使用。Java 中大部分的类都是线程兼容的，通过添加同步措施，可以保证在多线程环境中安全地使用这些类的对象。

5）线程对立。是指无法通过添加同步措施实现多线程中代码的安全使用。线程对立表现为无论调用端是否采取了同步措施，这种代码都会形成线程对立。由于 Java 语言天生就具备多线程特性，线程对立这种排斥多线程的代码是很少出现的，而且通常是有害的，应当尽量避免。

任务一

通过以上内容的讲解,实现"邮件接收显示"案例,具体操作步骤如下。

第一步,在 Eclipse 中新建名为 MailBox 的项目,实现一个多线程的例子,在项目中新建 mailbox 包,如图 9-10 所示。

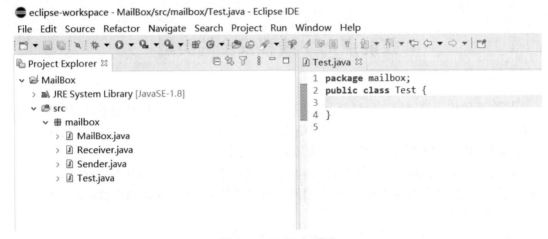

图 9-10　MailBox 项目

第二步,在项目中新建 MailBox 类,用来存储邮件对象。为了简便,设置邮件的容量为 1,即只能放一封信,发信者等待收信者取走信件后,才可以放入新邮件,如示例代码 9-10 所示。

示例代码 9-10

```
package mailbox;
public class MailBox {
    private boolean newMail; // 是否有新的邮件
    private String text; // 邮件内容
    // 判断是否有新的邮件
    public boolean isNewMail() {
        return newMail;
    }
    // 取走邮件
    public String getText() {
        this.newMail = false;
```

```
            return text;
        }
        // 放置邮件
        public void setText(String text) {
            this.newMail = true;
            this.text = text;
        }
    }
```

第三步,在项目中新建 Sender 类,用来定义发信者,并发送邮件到邮箱,如示例代码 9-11 所示。

示例代码 9-11

```
package mailbox;
import java.text.SimpleDateFormat;
import java.util.Date;
public class Sender implements Runnable {
    private MailBox mailBox; // 初始邮箱
    public Sender(MailBox mailBox) {
        this.mailBox = mailBox;
    }
    public void run( ) {
        try {
            while (true) {
                synchronized (mailBox) {
                    while (mailBox.isNewMail()) // 邮件还未取走,线程等待
                    {
                        mailBox.wait();
                    }
                    // 给邮件添加时间
                    SimpleDateFormat sdf = new SimpleDateFormat(
                            "yyyy-mm-dd HH:mm:ss");
                    String str = " 邮件内容:";
                    str += sdf.format(new Date( )) + "/n";
                    str += " 欢迎使用 MailBox 邮件系统!! ";
                    mailBox.setText(str); // 设定邮件内容
                    Thread.sleep(1000); // 模拟发送处理时间
                    mailBox.notify ( ); // 通知收信者有新邮件
                }
            }
```

```
            } catch (InterruptedException e) {
                e.printStackTrace( );
            }
        }
    }
}
```

第四步,在项目中新建 Receiver 类,用来定义收信者,并从邮箱取出邮件,如示例代码 9-12 所示。

示例代码 9-12

```
package mailbox;
public class Receiver extends Thread {
    private MailBox mailBox; // 初始邮箱
    public Receiver(MailBox mailBox) {
        this.mailBox = mailBox;
    }
    // @Override
    public void run() {
        try {
            while (true) {
                synchronized (mailBox) {
                    while (!mailBox.isNewMail( )) // 没有新邮件,进入等待
                    {
                        mailBox.wait();
                    }
                    String mailtext = mailBox.getText( ); // 取出邮件
                    Thread.sleep(500); // 模拟取信时间
                    // 阅读邮件内容
                    System.out.println(" 邮件内容为: " + mailtext);
                    mailBox.notify( ); // 通知发信者可以发信了
                }
            }
        } catch (Exception e) {
            e.printStackTrace( );
        }
    }
}
```

第五步,在项目中新建 Test 测试类,如示例代码 9-13 所示。

示例代码 9-13

```java
package mailbox;
public class Test {
    private static int defaultTime = 2; // 默认时间为 2 分钟
    private int currtTime;
    public void runMailBox(int time) {
        if (time < defaultTime) {
            currTime = defaultTime;
        }
        currTime = time;
        MailBox mailbox = new MailBox( );
        Receiver receiver = new Receiver(mailbox);
        Sender sender = new Sender(mailbox);
        Thread sendThread = new Thread(sender);
        sendThread.setName(" 发送邮件！！ ");
        Thread receiveThread = new Thread(receiver);
        sendThread.setName(" 接收邮件！！ ");
        System.out.println(" 启动发信！ ");
        sendThread.start();
        System.out.println(" 启动收信！！ ");
        receiveThread.start( );
        sendThread.setPriority(Thread.MIN_PRIORITY);
        receiveThread.setPriority(Thread.MAX_PRIORITY);
        try {
            for (int i = 0; i < currtTime; i++) {
                Thread.sleep(60 * 1000);
                System.out.println(" 邮件系统正在工作 ......");
            }
        } catch (Exception e) {
            e.printStackTrace( );
        }
        sendThread.interrupt();
        receiveThread.interrupt();
        System.out.println(" 运行结束！！ ");
    }
    public static void main(String[ ] args) {
        int time = 3;
        Test test = new Test();
```

```
            System.out.println(" 运行时间: " + time);
            test.runMailBox(time);
        }
    }
```

运行结果如图 9-11 所示。

```
🔲 Problems  @ Javadoc  🔍 Declaration  🖵 Console ⅹ
<terminated> Test (2) [Java Application] C:\Program Files\Java\jre1.8.0_271\bin\javaw
运行时间：3
启动发信!
启动收信!!
邮件内容为：邮件内容：2020-02-23 11:02:55/n欢迎使用MailBox邮件系统!!
邮件内容为：邮件内容：2020-02-23 11:02:56/n欢迎使用MailBox邮件系统!!
邮件内容为：邮件内容：2020-02-23 11:02:58/n欢迎使用MailBox邮件系统!!
邮件内容为：邮件内容：2020-02-23 11:02:59/n欢迎使用MailBox邮件系统!!
```

图 9-11 运行结果

任务二

完成一个 Java 多线程的应用程序，由 Producer 对象生产整数，并由 Consumer 对象消耗所生产的整数。具体操作步骤如下。

第一步，定义 Clerk 店员类，其中有一个私有整型属性 product，并赋值为 -1，表示没有产品。定义公共的属性读写方法，并对其加锁，setProduct(int product) 方法中应判断自身属性的值，如为 -1，应使线程进入阻塞状态，等待其他线程生产整数产品，待其完成后继续后边的打印工作，并通知消费者线程继续工作。getProduct() 方法中也应该判读属性的值，如为 -1，线程阻塞，待其他线程工作，待其完成后继续后边的工作，并最终将属性值改为 -1，表示货已领走，代码如示例代码 9-14 所示。

示例代码 9-14

```java
public class Clerk {
    //-1 表示目前没有产品
    private int product=-1;
    // 这个方法由生产者调用
    public synchronized void setProduct(int product){
        if(this.product!=-1){}
            try{
                // 目前店员没有空间收产品，请稍后
                wait();
            }catch(InterruptedException e){
                e.printStackTrace();
            }
        }
```

```
                this.product=product;
                System.out.printf(" 生产者设定 (%d)%n",this.product);
                // 通知等待区中的一个消费者可以继续工作了
                notify();
        }
        // 这个方法由消费者调用
        public int getProduct(){
            synchronized(this){
                if(this.product==-1){
                    try{
                        // 缺货了,请稍后
                        wait();
                    }catch(InterruptedException e){
                        e.printStackTrace();
                    }
                }
                int p=this.product;
                System.out.printf(" 消费者取走 (%d)%n",this.product);
                this.product=-1;// 取走产品,-1 表示目前店员手上无产品
                // 通知等待区中的一个生产者可以继续工作了
                notify();
                return p;
            }
        }
}
```

第二步,定义生产者 Producer 线程类,其中有一个 Clerk 类型的属性和带参数的构造方法,并在 run() 方法中输出一句话:"生产者开始生产整数 ....",然后线程在随机时间中暂停,而后将产品交给店员对象,如示例代码 9-15 所示。

示例代码 9-15

```
public class Producer implements Runnable {
    private Clerk clerk;
    public Producer(Clerk clerk){
        this.clerk=clerk;
    }
    public void run(){
        System.out.println(" 生产者开始生产整数 ......");
        // 生产 1 到 10 的整数
```

```java
            for(int product=1;product<=10;product++){
                try{
                    // 暂停随机时间
                    Thread.sleep((int)Math.random()*3000);
                }
                catch(InterruptedException e){
                    e.printStackTrace();
                }
                // 将产品交给店员
                clerk.setProduct(product);
            }
        }
    }
}
```

第三步,定义消费者 Consumer 线程类。其中有一个 Clerk 类型的属性和带参数的构造方法,并在 run() 方法中输出一句话:"消费者开始消耗整数 ......",然后线程在随机时间中暂停,而后将产品从店员对象手中取走,如示例代码 9-16 所示。

示例代码 9-16

```java
public class Consumer implements Runnable{
    private Clerk clerk;
    public Consumer(Clerk clerk){
        this.clerk=clerk;
    }
    public void run(){
        System.out.println(" 消费者开始消耗整数 .....");
        // 消耗 10 个整数
        for(int i=1;i<=10;i++){
            try{
                // 等待随机时间
                Thread.sleep((int)(Math.random()*3000));
            }
            catch(InterruptedException e){
                e.printStackTrace();
            }
            // 从店员处取走整数
            clerk.getProduct();
        }
    }
}
```

第四步，在 main() 方法中创建 Clerk 店员类的对象，同时创建 Producer 线程和 Consumer 线程，并启动线程，如示例代码 9-17 所示。

示例代码 9-17

```java
public class ProductTest {
    public static void main(String[] args) {
        Clerk clerk=new Clerk();
        // 生产者线程
        Thread producerThread=
            new Thread(new Producer(clerk));
        // 消费者线程
        Thread consumerThread=new Thread(new Consumer(clerk));
        producerThread.start();
        consumerThread.start();
    }
}
```

运行结果如图 9-12 所示。

图 9-12　运行结果

任 务 总 结

本项目通过对多线程的讲解，使读者了解多线程的创建与使用，熟悉多线程生命周期的基本概念,并掌握线程的调度、休眠、同步以及安全类型等内容的用法,具备解决 Java 应用程序中多线程问题的能力。

New Thread	新建状态	Ready	就绪
Running	运行	Blocking	阻塞状态
suspend	挂起	sleep	睡眠
stop	终止	wait	等待

一、选择题

1. Java 语言中提供了一个（ ）线程,自动回收动态分配的内存。

  A. 异步   B. 消费者   C. 守护   D. 垃圾回收

2. 当（ ）方法终止时,能使线程进入死亡状态。

  A. run   B. sleep   C. wait   D. setPriority

3. （ ）方法可以用来暂时停止当前线程的运行。

  A. stop()   B. sleep()   C. suspend()   D. wait()

4. Java 语言避免了大多数的（ ）是错误的。

  A. 数组下标越界   B. 算数溢出

  C. 内存泄漏   D. 非法的方法参数

5. 以下并非导致线程不能运行的原因是（ ）。

  A. 等待   B. 堵塞   C. 休眠   D. 挂起

二、填空题

1. _____ 就是系统分配资源调用的一个独立单位。

2. _____ 依赖于进程存在,一个线程相当于进程的某个任务。

3. Java 的调度策略是基于 _____ 的抢先式调度。

4. wait() 方法是在 Object 类中,而 sleep() 方法是 _____ 类中。

5. 在调用 _____ 方法的过程中,线程不会释放对象锁。